海关"12个必"之国门生物安全关口"必把牢"系列
进出境动植物检疫业务指导丛书

进出境动植物检疫实务

生物材料篇

总策划◎韩　钢

总主编◎徐自忠

主　编◎许思佳　副主编◎马树宝

中国海关出版社有限公司

中国·北京

图书在版编目（CIP）数据

进出境动植物检疫实务．生物材料篇／许思佳，马树宝主编．--北京：中国海关出版社有限公司，2024.1

ISBN 978－7－5175－0745－1

Ⅰ.①进…　Ⅱ.①许…②马…　Ⅲ.①动物检疫—国境检疫—中国②植物检疫—国境检疫—中国　Ⅳ.①S851.34②S41

中国国家版本馆 CIP 数据核字（2024）第 038004 号

进出境动植物检疫实务：生物材料篇

JINCHUJING DONGZHIWU JIANYI SHIWU：SHENGWU CAILIAO PIAN

总 策 划：韩　钢
总 主 编：徐自忠
主　　编：许思佳　马树宝
责任编辑：孙　旸
出版发行：中国海关出版社有限公司
社　　址：北京市朝阳区东四环南路甲 1 号　　邮政编码：100023
网　　址：www.hgcbs.com.cn
编 辑 部：01065194242-7535（电话）
发 行 部：01065194221/4238/4246/5127（电话）
社办书店：01065195616（电话）
　　　　　https：//weidian.com/？userid=319526934（网址）
印　　刷：北京联兴盛业印刷股份有限公司　　经　　销：新华书店
开　　本：710mm×1000mm　1/16
印　　张：12.25　　　　　　　　　　　字　　数：195 千字
版　　次：2024 年 1 月第 1 版
印　　次：2024 年 1 月第 1 次印刷
书　　号：ISBN 978－7－5175－0745－1
定　　价：68.00 元

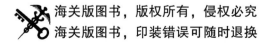

本书编委会

———◇———

总 策 划：韩 钢

总 主 编：徐自忠

执 行 主 编：许思佳

执行副主编：马树宝

编委会成员：金 铮 赵新宇 刘朋飞 陈 翔 戴夏羚

　　　　　　张 振 王 艳 林颖峥 陈 露 纪 帆

CONTENTS

目录

137 | 第四章
CHAPTER 4 | 生物材料生物安全风险管理措施的国际实践

161 | 第五章
CHAPTER 5 | 进境生物材料重点行业介绍

第一章

世界主要经济体生物材料行业概述

CHAPTER 1

当前，生物科技已进入创新、突破和跨越发展的关键时期，生物技术大规模产业化加速推进。在政策扶持、人才赋能、资本聚集等内外因素驱动下，全球生物产业发展迅速。一些人畜共患病疫情、动物疫情的流行趋势越来越复杂，防治难度越来越大，亟须投入更多的新技术、新手段。在此背景下，生物技术成为阻击疫情、保障人类生命安全和动物健康的重要手段。

第一节
我国生物材料行业概述

党的二十大报告中提出要坚持面向世界科技前沿、面向经济主战场、面向国家重大需求、面向人民生命健康。随着我国经济发展，居民收入快速增加、消费结构不断升级，人民群众对健康的需求更为迫切，生物医药、生物农业等与此相关的生物产业已形成快速发展态势。生物产业作为战略性新兴产业，已经成为国内各地区经济社会发展的重要支点。

一、发展历程

我国生物产业起步于 20 世纪 80 年代初，目前生物技术总体上在发展中国家处于领先水平，局部领先于世界先进水平，生物产业已初具规模。

虽然我国生物产业发展起步较晚，但随着我国经济的快速发展、科技的不断创新，我国生物技术的发展在不断突破瓶颈，形成自己的特色。更为重要的是，为了推动我国生物产业的快速平稳发展、带给人民群众更多福祉，近年来，我国已颁布一系列推动措施，规范市场竞争，不断提高我国生物企业的国际竞争力。

2016 年，国务院印发《"十三五"国家科技创新规划》，提出发展先进高效生物技术，重点部署前沿生物技术与管理研究技术的创新突破和应用发展。2017 年，国家发展和改革委员会印发《"十三五"生物产业发展规划》，进一步提出生物产业发展的具体要求。"十三五"时期，我国的生物产业结构进一步优化，产业规模保持中高速增长，成为国民经济的主导产业之一。

进入新时期，《中华人民共和国国民经济和社会发展第十四个五年规划和 2035 年远景目标纲要》对生物产业进行了新一轮规划部署，明确提出要强化国家战略科技力量，发展壮大战略性新兴产业，加强原创引领性科技攻关，聚焦新一代生物技术，推动生物技术和信息技术融合创新，加快发展生物医药、生物育种、生物材料、生物能源等产业，做大做强生物经济。

二、产业现状

生物产业已成为我国战略性新兴产业和国民经济支柱产业之一，其发展受到我国政府高度重视。根据科学技术部社会发展科技司和中国生物技术发展中心 2020 年的研究报告，"十二五"以来，中国生物产业复合增长率达到 15% 以上，2015 年产业规模超过 3.5 万亿元，产业增加值占国内生产总值（GDP）的比重超过 4%。我国生物产业正呈现出高速增长趋势，并且在推动我国经济增长方面发挥着越来越重要的作用。

随着一系列财税、金融政策及各项实施细则的出台，长江三角洲、珠江三角洲和京津冀地区 3 个综合性生物产业基地和若干专业性生物产业基地的空间布局开始形成。依托现有产业发展基础，发挥丰富的生物物种资源优势，我国生物产业的发展前景日益广阔。但作为发展中国家，我国生物产业现阶段还存在发展不平衡、资本市场规模和效益有待提升、贸易逆差较高等突出问题。

三、产业特点

（一）产业集聚效应初步显现

长三角地区已经成为我国最大的生物产业聚集区，围绕上海、杭州等地已逐步形成产业链上下游配置较好的产业集群。上海重点发展基因工程、现代中药、化学合成创新药物、生物医学工程等领域的新产品，形成了创新体系健全、产业特色鲜明、布局合理的国家级综合性生物产业研发、生产和出口基地。杭州以生物技术药物为核心、现代中药为基础，实现了现代化学药物与新型医疗器械的同步发展，生物农业显示出特色优势，部分领域居国内领先水平。

珠三角地区的市场经济体系比较成熟，民营资本比较活跃，广州、深圳等地形成了商业网络发达的产业结构。广州科学城集聚了150多家生物企业和国家级生物科研机构，重点发展基因工程、现代中药、化学合成创新药物、海洋生物技术等生物技术领域，着力发展生物农业，形成了覆盖技术研究、中试、产业化的产业链条。深圳形成了以一批以大企业为龙头的高档医疗设备、生物制药、现代中药、检测仪器及诊断试剂的产业链。

环渤海地区的生物技术力量雄厚，围绕北京、天津等地形成了创新能力较强的产业集群。北京具有领先的科技资源和丰富的临床资源，有一大批具备相应技术的研发服务机构，初步形成了园区创新体系，同时也正在形成以国内外著名企业为主体的生物产业化队伍，集聚效应已开始形成。天津形成了以出口为导向、现代生物医药为主体，生物工业和生物农业快速发展的生物产业格局，建成了集研发、生产、销售和服务为一体的现代生物产业制造基地和关键技术的研发转化基地。

另外，从空间分布角度看，我国生物产业高技术企业较多位于东部地区。根据中国高技术产业统计年鉴，2018年，我国医药制造业高技术企业共计7423家，其中包括生物药品制品制造企业862家。其中，东部地区医药制造业企业共3222家，中部地区2156家，西部地区1530家，东北地区515家。江苏以645家的数量位居我国省域医药制造业企业数量第1位，安徽、浙江、河南、广东和四川等地医药制造业企业数量相对较多。从各地生物产业上市企业期末资产总额来看，广东以5173.23亿元位列第一，是生物产业上市企业数量和总资产均排首位的省份。上海虽然在数量上仅位列第六，但生物产业企业资产总额位列第二。

（二）人才资源及专利技术优势较为突出

一方面，从事生物技术研究的人才队伍庞大。我国从事生物技术研发的人才超过4万人，每年培养2000多名生物学博士生。在国外有10多万名中国留学生从事生命科学及其相关领域的研究。

另一方面，我国在生物技术和生命科学等基础研究领域的专利申请数量居世界第二，仅次于美国。2018年，中国学者在生命科学领域发表论文120537篇，数量仅次于美国，位居世界第二；在生命科学领域发表论文数量占全球的比例从 2009 年的 6.56% 提高到 2018 年的 18.07%。截至 2017 年，我国生物领域科学研究与开发机构的研究课题数量为 11187 个，2017 年研究课题数量较 2012 年增长了 63%，且正在以 10% 的年均增速不断增长。

(三) 产业创新体系不断完善

伴随着政策指引和资本聚集，我国以企业为主体、产学研结合的创新体系建设也在加快推进。重大疾病防治技术的研发取得重要突破，一批生物技术高技术产业化示范工程项目通过验收，一批重要疫病的疫苗及诊断试剂研发取得重大突破。生物农业技术与产业化的衔接、合作及应用取得重要进展，生物质能、生物基材料技术产业化示范快速推进。一些生物技术公共研发平台初步形成，共享平台、共享实验室进一步推动了产业互助和资源良性分配，生产要素流通大大加快，生物产业的整体水平获得显著提升。

第二节
美国生物材料行业概述

在生物产业经济全球化竞争中，美国凭借生产要素优势、雄厚的科研实力、庞大的国内外市场需求以及高效的企业竞争环境在生物医药产业国际市场竞争中处于优势地位。美国有坚实的生物技术研发基础，有世界领先的生物技术，拥有世界上大半的生物医药公司和生物技术专利，无论是技术水平还是产业规模都处于世界领先地位，是世界生物产业发展的龙头。

一、发展历程

美国生物产业起步于 20 世纪 70 年代，跟随生物技术的革命不断发展。1973 年，美国的博耶（Herbert Boyer）和科恩（Stanley Cohen）对于重组 DNA 的研究有了突破性进展。1976 年，博耶在风险投资的支持下，建立了基因泰克公司，标志着生物产业作为一项新兴产业开始崛起，从而掀起美国生物产业发展的浪潮。1980年，博耶和科恩获得了基因克隆专利，这成为现代生物产业的重要起点。随后，美国生物产业不断发展壮大，2000年该产业收入达250亿美元，有生物医药公司1400家，其中并不包括传统制药公司，当年有117种生物医药被批准，350多种生物医药在进行临床试验。

2001年以来，生物产业得到美国政府和风险投资者的高度重视，发展速度更为迅猛，逐渐成为美国新的经济增长点。即使是金融危机后美国经济整体陷入萧条，生物产业依然保持良好的发展态势，行业市值不断增加，一些风险投资机构纷纷将资金投入生物产业。在整体经济形势走低的情况下，美国生物产业的研发投资不降反增。可见，生物产业对美国经济的增长有较大的推动作用，在经济低迷时依然起到重要的拉动作用。总体来看，美国生物产业的发展是生物技术和风险投资的有机结合，拥有生物技术的顶尖科学家和有长远战略眼光的风险投资家，成为美国生物产业蓬勃发展的关键，生物产业已逐渐成为美国的支柱产业之一。

二、产业现状

美国的生物产业经过半个世纪的发展，已在世界上形成明显的代际优势。世界一流的研究机构、活跃的风险投资、不断壮大的龙头企业、富有创造力的初创企业是美国生物产业的核心特征，凭借强大的生物技术实力和将科研成果商业化的能力，更是形成了九大生物产业集群。

（一）生物技术海滩（Biotech Beach）

生物技术海滩主要由南加利福尼亚州包括洛杉矶、圣迭戈、萨克拉门托等地的生物技术机构组成。根据美国著名生物技术信息服务公司生物空间（BioSpace）的统计，生物技术海滩共有1133家生物技术公司以及与生物技术有关的教育、研究和服务机构。

（二）生物技术湾（Biotech Bay）

生物技术湾是美国最早形成的生物技术集群之一，范围涵盖北加利福尼亚州，主要指旧金山湾区周围的生物产业聚集区。生物空间的数据显示，生物技术湾共有超过1000家生物技术公司，以及与生物技术有关的教育、研究和服务机构，其中最著名的机构包括 Bio-Rad、拜耳公司、Chiron、罗氏、Gilead、Abgenix、Schering-Plough、PPD、Medimmune、Celera、GeneTech 等。

（三）生物林（Bio Forest）

生物林主要指位于亚拉巴马州、爱达荷州、俄勒冈州、蒙大拿州及华盛顿州的生物技术聚集区。生物林目前有 400 余家生物技术公司以及与生物技术有关的教育、研究和服务机构，其中最著名的机构为 Immunex。

（四）中西生物产业聚集区（Bio Midwest）

中西生物产业聚集区涵盖的地区包括伊利诺伊州、印第安纳州、艾奥瓦州、密歇根州、明尼苏达州、密苏里州、内布拉斯加州、俄亥俄州及威斯康星州等中西部各州。该地区现有生物技术公司以及与生物技术有关的教育、研究和服务机构 900 余家，其中最著名的机构包括 Pfizer、Invitrogen、Lilly、Cardinal Health 等。

（五）药乡（Pharm Country）

药乡是美国制药产业的传统重地，覆盖了康涅狄格州、新泽西州、纽约州和宾夕法尼亚州等制药业实力非常强大的地区。目前这一地区拥有生物技术公司以及与生物技术有关的教育、研究和服务机构 1000 余家，其中最著名的机构包括 Wyeth、Astrazeneca、Cardinal Health、PPD、Pfizer、Purdue 等。

（六）基因城（Genetown）

基因城指美国东北部生物医药大省马萨诸塞州。基因城目前拥有生物技术公司以及与生物技术有关的各种教育、研究和服务机构共 800 余家，其中最著名的机构包括 Wyeth、Astrazeneca、Millennium、Biogenidec、Genzyme、Pfizer、Serono 等。

（七）生物都（Bio Capital）

从生物都的名字就可以看出，它指的是美国首都华盛顿周围的生物产业聚集区。实际上生物都的地域范围包括首都华盛顿、马里兰州、弗吉尼亚州和特拉华州。该聚集区拥有 700 余家生物技术公司以及与生物技术有关的各种教育、研究和服务机构，其中最著名的机构包括 Genlogic、Medimmune、PPD、Invitrogen、Human Genome Science、Accelovance、

Wyeth 等。

（八）北卡生物产业聚集区（BioNC）

北卡生物产业聚集区是指以北卡罗来纳州的洛丽—杜朗为核心的研究三角带周围汇集的生物技术公司或机构。目前，该聚集区有 300 余家生物技术公司或与生物技术有关的各种教育、研究和服务机构，其中最著名的机构包括 Syngenta、Gilead、B-genidec、BD、Quintiles、Wyeth、PPD、Cardinal Health、Charles River 等。

（九）南方生物产业聚集区（Bio South）、宾州生物产业聚集区（Bio-Penn）及生物园（Bio Garden）

三、产业特点

（一）产业高度聚集

一项面向美国 77 个地区经济发展机构和 36 个州层面经济发展机构的调研结果显示，83% 的机构已将生物技术列为其区域产业发展的前两项目标之一；全美 41 个州启动了与生物技术相关的项目或采取了相应措施以激励生物技术在当地的发展。

在近几十年的发展过程中，美国的生物产业形成了非常明显的产业集聚状态，每个产业集群的特点又各有不同。比如纽约、费城是美国制药行业的传统中心，美国大型制药制造商总部多选址于此，因而集中了大量生物技术活动；波士顿和旧金山是全美当之无愧的生物技术之都，这两个城市于 20 世纪 70 年代开始崛起，长期致力于争取产业先发优势，并结合自身坚实的研究基础，是生物技术行业先驱公司的聚集地。洛丽、西雅图、圣迭戈在生物技术商业化的过程中迅速发展，以资金雄厚的医药研究设施为本，集中了不少生物技术初创企业，在催生新公司、确保风险投资以及与制药企业签订研究合同等方面尤为成功。华盛顿、洛杉矶两市集聚了研究机构和实力强劲的企业，各有所长。华盛顿都市区集中了大批生物技术公司，投资力量雄厚的美国国立卫生研究院和美国食品药品监督管理局等都位于该地区。

（二）科研机构和人才资源丰厚

美国生物产业的优势是各产业聚集区都离世界一流学术研究机构很

近。如哈佛大学、麻省理工学院、波士顿大学、麻省总医院、Beth Israel Deaconess 医学中心、新英格兰医学中心等，都分布在波士顿环剑桥地区；旧金山是斯坦福大学和加州大学伯克利分校所在地；洛杉矶则有加州大学洛杉矶分校；圣迭戈的生物技术企业都聚集在加州大学圣迭戈分校、Salk 生物研究所和 Scripps 研究所周围；西雅图最好的研究机构包括 Fred Hutchinson 癌症研究中心和华盛顿大学；华盛顿和巴尔的摩之所以能成为生物产业聚集区之一，主要归因于美国国立卫生研究院和约翰霍普金斯大学；北卡罗来纳州的生物技术公司则排列在三角研究园、北卡罗来纳大学和杜克大学周围。

除了大学和一流科研机构本身对形成生物产业聚集区所起的带动作用外，生物技术企业创始人的学术名誉和所拥有的专利也是投资者极为看重的，同时也是降低投资风险的法宝。与化工等产业由大公司主导研发不同，生物技术企业大多以学术研究机构为起点，这些研究机构迅速批量生产了生命科学新领域的博士和博士后，从而保证了生物技术企业顺利发展。

（三）资金投入充足

旧金山生物产业最明显的优势是云集在斯坦福大学周围的风险投资公司，风险投资为生物技术湾的生物科技革命提供了资金。目前生物技术湾的生物风险投资产业，实际投资规模比居第二位的波士顿高出 50%以上。

西雅图没有像旧金山、波士顿和圣迭戈那么集中的风险资本，但微软的财富效应带动了生物技术的冒险精神，微软的创始人盖茨和保罗有意识地在美国西北地区积极支持生物科技发展。华盛顿和巴尔的摩一带的生物技术研究机构则获得了美国国立卫生研究院每年约 10%的科研经费，这些科研投入对于形成贝塞斯达（Bethesda）、罗克韦尔（Rockville）和马里兰州其他地区的众多生物科技公司起到了巨大的刺激作用。

（四）龙头企业和新企业都发展迅速

一方面，龙头企业成为产业支柱。在上面提到的美国主要生物产业集群中，都至少有一个或数个商业化相当成功的龙头企业，如湾区有 GeneTech 和 Chiron，波士顿有 Biogen，圣迭戈的龙头企业是 IDEC。西雅图最大的生物技术企业是 Immunex，华盛顿则有 Celera 和 MedImmune 等。

另一方面，新企业不断为生物产业集群注入新活力，与大型医药企业相比，生物技术新企业在创造性、敏捷性和成长性方面具有突出优势，与研究机构的风格相近、趣味相投。生物技术的发展，主要依赖于创造力、集中力和知识更新速度。近年来，美国一些大型企业纷纷与一些新企业建立联盟关系，此外，一些龙头企业的首席执行官或董事长也常常离开其任职的企业，转而创办新企业。

第三节
欧洲生物材料行业概述

一、发展历程

近十年，欧洲生物产业进入快速发展通道，不仅为其经济发展做出了巨大贡献，还催生了大量新的工作岗位，解决了就业问题，产生了良好的经济和社会效果，并逐渐成为引领创新的朝阳产业。

2019 年 8 月，麦肯锡发表了一份题为《欧洲生物技术：增长和创新的坚实基础》的报告，对欧洲生物技术产业做出乐观的评估。报告指出，欧洲生物技术产业为投资者提供了增长空间和动力，欧洲虽然拥有强大的科学基础，但其利用率不及美国同行，因此有充足的机会将创新转化为产品。如果给予足够的资金进行扩张，欧洲生物技术产业有望在未来几年具备全球竞争力。英国、德国、法国、西班牙、荷兰、瑞士、意大利、比利时、丹麦、瑞典是目前欧洲地区生物产业综合实力排名前十的国家。

二、发展现状

2020 年 12 月，受欧洲生物技术工业协会（EuropaBio）委托，WifOR 研究所（欧洲一家独立的经济研究机构）发布了一份题为《衡量欧洲生物产业的经济足迹》的报告。报告对 2008—2018 年 28 个欧盟成员国生物技术产业发展进行了分析，以评估并量化生物技术产业在欧洲企业研究和制造领域产生的经济影响。

这份报告指出，工业生物产业已经是欧洲创新的核心支柱，并将成为向更可持续和更具竞争力的循环生物经济过渡的关键推动力。医疗生物产业深刻改变了医药市场，新的先进疗法和基于生物技术的治疗方案不断涌现。但同时，农业生物产业受限于欧盟的政策框架，对 GDP 的贡献率很低。报告认为，生物产业的快速发展得益于受过良好教育的劳动群体和运转有序且无障碍的欧盟内部市场。但诸如新冠疫情因素导致的短期市场干预，可能会对欧洲生物产业的生态系统产生不利影响。因此，发展生物产业，不仅要考虑产业的直接影响，还要考虑其与欧洲经济高度互联互通和一体化。

报告表明，生物产业具有变革产业的所有特征：高于平均增长率；长期高价值就业；持续增加的研发活动；高度创新的产品；更高效的制造工艺；因全球竞争力产生的贸易顺差；提供应对全球挑战的新解决方案等。

报告从 5 个方面阐述了生物产业对欧盟经济的影响。一是总增加值效应。2018 年，包括溢出效应在内，欧盟生物产业对 GDP 的贡献总额为 787 亿欧元，相当于欧洲传媒业的整体规模。其中，直接贡献额为 345 亿欧元，约占欧洲工业部门总增加值的 1.5%。除 2009 年金融危机外，生物产业自 2008 年以来稳步增长。其中，医疗生物产业平均增长率为 4.3%，农业生物产业为 3.8%，工业生物产业为 2.9%，均高于整体经济增长率（1.8%）。二是劳动生产率。作为高效率和资本密集型产业，2018 年欧盟生物产业人均总增加值为 15.45 万欧元，超过了电信行业（10.21 万欧元）和金融保险行业（11.88 万欧元），并远远高于制造业（6.88 万欧元）和整体经济水平（5.95 万欧元）。其中，医疗生物产业人均总增加值为 17.02 万欧元，工业生物产业为 10.34 万欧元，农业生物产业为 3.05 万欧元。三是就业效应。2010—2017 年，生物产业直接就业人数相对稳定在 18 万~19.2 万人。2018 年，直接就业人数迅速增加到 22.3 万人，并通过间接和诱导效应，在整个经济中创造了 71.05 万个就业机会。按照就业乘数理论，生物产业每增加 1 个就业岗位，就能为整个经济创造 3.2 个就业机会，属于中上水平。其中，工业生物产业就业乘数为 4.2，医疗生物产业为 3，而农业生物产业为 0.6。2008—2018 年，生物产业的平均就业增长率为 2.6%，而欧盟平均就业增长率仅为 0.2%。四是贸易水平。过去 10

年里，高度国际一体化的生物产业为欧盟创造了巨大的贸易顺差。2008—2018 年欧盟生物产业的年均出口增长率为 8.4%，到 2018 年出口额达到 450 亿欧元，是 2009 年金融危机时的两倍。同期，生物产业的进口额几乎翻了一番，从 116 亿欧元增加到 226 亿欧元。2018 年，生物产业贸易顺差约为 223 亿欧元。五是研发影响。生物产业年均增长率为 4.1%，增长速度是欧盟通信部门（2.0%）和整体经济（1.9%）的两倍以上，成为欧洲增长最快的创新产业之一。2018 年，欧盟生物产业对 GDP 的直接贡献达到约 27 亿欧元，其中，医疗生物产业贡献 25 亿欧元、工业生物产业贡献 2 亿欧元。

三、产业特点

（一）产业增长稳定

为保持欧洲在世界医药领域的优势，2003 年欧洲制药工业协会联合会（EFPIA）提出欧洲"创新药物计划"。该计划由欧洲药品管理局、各成员国的药品管理局、临床与学术研究机构、中小企业以及中小企业协会代表、患者协会成员及其他利益相关团体联合参与，旨在提高欧洲医药产业的研发能力和技术水平。该计划利用医学分子技术，重点研发针对癌症、大脑功能失调、新陈代谢疾病、感染性疾病以及炎症等疾病的新药。自 20 世纪 90 年代起，全球生物药品销售额以年均 30% 的速度增长，欧洲国家在发展生物药品方面也进展较快。

（二）产业研发与生产公私合作特色明显

欧洲国家医药研究的初始动力很大程度来自政府，但营利性公司和研发机构（如大学以及政府资助的研究中心）的积极参与也极大地推动了欧洲医药产业的发展。2003 年，欧洲制药工业协会联合会提出欧洲新药开发计划，该计划的参与者包括欧洲委员会、院校、生物制药公司以及欧洲制药协会。为此，欧洲委员会和欧洲制药协会联合成立了一个管理机构来协调、管理该计划。就具体国家来说，德国生物医药产业的基础研究工作是通过政府资助形式完成的，资助对象包括一些研究机构（大学、研究中心等）和由国家研究委员会认证的国有科研部门。据统计，德国 75% 的生物医药研发投入是通过研究中心和项目中心等实施的。在生物医药公共研究开发方面，德国拥有自己的科研体系，包括各大学的科学系或医学系，以及各生物制药研发机构。生物医药企业都与大学、公共研究机构联系紧密。其中，生物技术公司主要是利用国家知识创新基地从事研发创新，而大型的制药企业主要是通过寻找全球合作伙伴，打造制药产业基地。在资金方面，德国倡导私人资金和风险投资进入生物制药产业，这种结构性的调整对高新技术企业有着重要的影响，尤其在高新技术企业处于重大转折时期，风险投资发挥着极其重要的作用。

（三）政府对研发、生产的投资力度不断加大

欧洲生物医药市场的年均增长率为23%。在欧洲国家当中，德国的生物技术占有领先优势，在新药研究与开发方面居欧洲第一。德国政府非常重视生物技术的研究发展，曾拨出超过80亿欧元的联邦教研部经费，重点资助生命科学和创新技术的研究。法国为了鼓励制药企业开发新药，尤其是基因技术和生物技术产品，近两年改革了对新研制药品价格的管理程序，允许制药企业自行确定新药价格。

（四）呈现出区域性生产、产业集聚度高等特征

与美国、中国类似，欧洲生物医药产业同样具有集群化发展的特点。英国的医药（包括生物医药）产业集群以科学研究机构、高校、制药企业、生物技术企业（创业企业）及其相关机构在特定地域内集中分布、相互作用、相互联系为特征。在丹麦，制药企业与生物技术公司结成战略同盟，生物技术公司负责技术开发与创新，制药企业负责生产和销售。丹麦还与瑞典合作，在丹麦的哥本哈根地区和瑞典南部地区建立了跨国的医药谷（Medicon Valley），医药谷的主要特征是技术、人才和资金的高密度积聚。丹麦和瑞典两国政府对医药谷的建设十分重视。医药谷内各类开发载体高度集聚，医院和企业紧密合作，开展临床研究，质量高、成本低。此外，政府投资基金和民间风险投资基金的紧密合作，充分保证了源源不断的资金供给。

第四节
日本生物材料行业概述

◇

一、发展历程

日本从 20 世纪 80 年代开始，就注重生物技术和产业的总体规划，以提高生物技术产业的竞争力为目标，积极发挥政府在顶层设计中的作用，陆续推出多项规划和方案，完善了国家生物技术与产业发展体系，营造了良好的产业发展环境。

日本政府于 2002 年 12 月提出"生物技术产业立国"口号，政府把生物产业作为国家核心产业加以发展，出台了多项重要政策，加速生物技术的利用和生物产业的发展。经过多年的努力，日本已经跻身生物技术强国之列。目前，生物产业已被列入继汽车和信息产业之后的日本国家重点产业，随着生物技术的不断创新和重大突破，日本生物农业、生物医药、食品、生物化工、海洋和生物环保等产业进入国际领先行列。

（一）政府生物产业政策制定方面

1. 注重顶层设计，优化生物技术发展战略

1981 年，通产省将生物技术列入科学研究的战略领域，并制定了生物技术 10 年规划。1986 年，科学技术厅制订了生物材料研究计划，用以指导研究精细生物材料的研究与开发。1987 年，科学技术厅主持制订了生物芯片计划。1991 年，科学技术厅、通产省、农林水产省和厚生省宣布开始执行跨度达 10 年的糖工程研理机构，以便独立行使管理职权。2002 年，内阁会议讨论了日本第 5 次生物技术战略，通过了《国家生物技术战略方针》，提出日本生物技术的发展目标，针对生物技术产业化和实用化中需要解决的问题，制定了行动指南、行动计划。对如何推进之后 5 年生物技术研发提出了具体对策。2004 年，科学技术厅、文部科学省、厚生省、农林省和通产省五省厅公布了"创立生物技术产业基本战略"，决定以生物

染色体研究为突破口，加强联合攻关，大力促进生物技术的产业化，确定的目标是，到 2010 年，市场规模达到 25 万亿日元，新创立生物技术企业 1000 家。2009 年，为了进一步加大生物产业的推动力度，日本生物产业协会将 2009 年作为"生物产业再生元年"。

2. 修订和完善法律法规，为企业发展提供更多机会

2006 年，日本政府开始修订《日本商法》，修订版允许兼并方使用现金和母公司股份，克服了此前只许使用认购公司股份的限制，从而鼓励生物技术企业之间的并购，促进其迅速成长和壮大。重新修订《药物事务法》，为外国企业在日本发展提供了更多的机会。修订后的《药物事务法》于 2005 年 4 月生效，简化了外企药物生产和进口的审批过程，生产证和市场证合并为一证，有利于外企所属生产商和风险公司降低成本、提高效率。

3. 加大政府经费投入，重点支持优势技术领域

日本对生物技术及产业领域的投入逐年增加。2007 年日本政府生物技术研发预算达 2541 亿日元，2008 年增加到 3025 亿日元，其中，文部科学省的预算额达到 637.2 亿日元，农林水产省达到 377.74 亿日元，环境省达到 169.61 亿日元。2009 年各部门的预算持续增加，总预算增加到 3560 亿日元。另外，日本政府对在国际上有优势的生物技术领域设立专项计划，各相关部门联合支持，使资源有效集成，加速优势领域发展，催生具有国际竞争力的生物技术和产业。如京都大学再生医学研究所在干细胞研究领域处于世界前列，该所山中伸弥教授首次由小鼠体细胞成功制备诱导多功能细胞。文部科学省、经产省和厚生省都给予大力支持，文部科学省还设立了干细胞研究专项。

4. 加强"官产学"结合，促进科技与产业共同发展

日本政府倡导和推进"官产学"（政府研究机构、民间企业、大学）合作和交流，先后制定了"研究交流促进法""前沿研究、省际基本研究和地域流动研究制度""与民间企业共同研究、受托研究、受托研究员等制度""产业研发促进计划""风险企业实验室计划""面向未来的研究计划"等，以促进科学研究和成果的迅速转化。据日本生物技术产业协会资料显示，"官民合作"是日本生物技术企业的主要形式，在共同推进生物技术及其产业化的过程中起到了很好的作用。一方面，日本科研投入 80%

以上来自民间企业，科研人员 65%以上也在民间企业，企业为生物技术的发展起着支撑作用；另一方面，生物技术产业化又是企业发展的原动力，合作发展是必然选择。

5. 注重统筹协调，加强国际合作

日本注重生物技术与产业的统筹协调。例如，由全国 70 多家大企业、50 家公司和 20 家大型设备制造厂联合组成了生命科学委员会，目的就是减少研究上的重复，避免经济与时间上的浪费。日本已形成医工学科强强联合的合作研究体制。医工联合的产业技术合作也已正式启动。如京都大学与日本 IBM 公司、日本新药公司等共同开发了利用计算机技术对药剂效果进行预测的新技术，目前已投入使用。同时，日本也不断强化生物技术领域的国际合作，与中国、美国、英国、德国、法国六国合作完成人类基因组测序，并与中国、德国、韩国等联合完成了黑猩猩第 22 号染色体的基因测序工作。此外，农林水产省还参与国际水稻基因组测序计划，解析了水稻中 3.2 万个基因的碱基对，积累了大量关于遗传基因功能解析研究的资料和数据。

(二) 生物企业方面

1. 企业联合以求生存

国内外制药公司和生物技术公司合作项目的增加是日本生物医药产业增长的动因之一。这些合作使日本成为生物技术和药物创新的国际中心，并在全球药物研发中具有很强的竞争力。2004 年，藤泽药品公司和山之内制药公司宣布合并，形成一个新的公司，称为 Astellas 制药公司。同年，大日本制药公司和住友制药公司宣布合并，形成大日本住友制药株式会社。三共和第一制药的合并也于同年完成。第一制药三共株式会社超过了新建立的 Astellas，成为日本第二大制药企业。2004 年年底，帝国制药和 Grelan 制药合并，三菱化学和三菱制药合并。日本的生物技术公司为了加快发展，也在与国外公司协商合作。2004 年，日本的制药公司与国外的生物技术公司协商的交易有 55 笔。其中，武田制药公司付给美国 BioNumerik 制药公司 5200 万美元，换取一种处于临床Ⅲ期的化疗辅助制剂在美国和加拿大的销售权。2006 年，日本有 60 起日本公司与国际生物技术公司的合作。大多数合作是在发现和研究领域，致力于产品流程的开发，例如武田制药公司与美国 XOMA 合作，选择了 XOMA 公司的多靶标治疗抗体研发项目；Astellas 公司与美国 FibroGen 生物技术公司达成 8.15 亿美元合同，进行贫血生物药物的研发。2007 年 12 月，美国 Quark 生物技术公司与大阪大学在肾病治疗方面开始合作研究。而 FibroGen 公司获得了 Astellas 制药公司 3 亿美元的前期投资。

2. 全球性并购推动发展

当日本开始促进生物技术领域发展，生物医药类公司面临国内市场的挑战时，日本企业于 2005 年走向全球，寻找获利机会和与外国同类公司的战略联盟。东京的 Sosei 公司以 1.065 亿英镑（1.96 亿美元）并购了英国的 Arakis 公司，并购的公司拓宽产品线，在临床研发的早期和晚期阶段有更多的候选产品。Takara 生物公司以 6000 万美元的价格购买了美国 Becton Dickinson 公司的子公司 Clontech 实验室。这一交易使 Takara 进入了 Clontech 在美国市场的交易网。2005 年，武田制药公司以 2.7 亿美元收购了美国生物技术初创企业 SyrrxInc，然后又收购了英国的 Paradigm Therapeutics 公司。2008 年 4 月，武田制药公司将重点放在收购美国的生物技术公司上，以 88 亿美元收购了美国生物技术公司 Millennium，这也是历史上日本制药企业进行的最大一笔收购。

3. 技术许可获得利润

与大型制药公司一样，日本生物技术公司也在寻求各种合作，以开发新的产品并获得利润。BioMatrix 研究公司是东京大学的一家小公司，与英国牛津基因技术公司达成技术转让协议，BioMatrix 有权在日本生产牛津的寡核苷酸技术专利产品并销售。同时，AnGes 公司作为第一家在东京证券市场上市的日本生物技术公司，与美国的 Vical 公司达成协议，研发并销售其癌症免疫治疗药物。另外，日本 EnBioTec 实验室与 Tripos 公司合作，进行药物发现先导化合物核受体的研发。

二、发展现状

目前，日本的生物技术及产业发展居于全球前列。据安永公司统计，2005 年，日本生物技术产业的科技文献和专利申请量分别居全球第 4 位和第 2 位，显示出日本在生物技术领域的科学基础已经居于较为领先的地位。目前，日本在发酵工程、生物医药（尤其是基因工程和单克隆抗体制备）、生物环保、生物能源等多个生物技术产业领域均具有独特优势。

（一）生物科技发展居于全球前列

日本的医药市场居世界第 2 位，但许多畅销的药物都是由西方国家研发的。虽然日本在生物技术领域的发展起步晚于欧美国家，但日本采取了一系列战略措施。在投资集团的支持下，日本政府采取了多项重要改革措施。2003 年日本政府制定了生物技术战略指南，促进日本生物技术产业的发展。

（二）生物技术市场规模迅速扩大

通过政府的政策扶持和企业界的努力，日本的生物技术市场呈逐年增长态势。1998 年日本的生物技术产业市场不过 2000 亿日元；2002 年增长到 1.2 万亿日元；2003 年达到 1.66 万亿日元；2005 年为 6.67 万亿日元，约占全球生物产业市场的 10.7%，其中医药类占 12.3%。如果把生物产业市场划分为传统生物产业市场和现代生物产业市场，那么 2005 年日本的传统生物产业市场为 5.17 万亿日元，其中保健食品领域约占 77.9%、医药类占 12.3%。2005 年日本的现代生物产业市场为 1.5 万亿日元，在分布比例上，医药领域占比高达 69.2%。这表明以基因工程、蛋白质工程、酶工程、细胞工程为代表的现代生物技术在医药领域的应用更为广泛。

（三）企业数量增长迅速

生物风险企业数量显著增加，现已形成完整的产业集群。由于日本政府的大力支持、日益庞大的市场需求、强大的人力资源保障和完善的研发设施，近年来日本的生物风险企业如雨后春笋般发展起来。据日本生物产业协会统计，2000 年日本初创的生物风险企业达 254 家，2003 年为 387 家，2004 年为 464 家，2005 年增至 531 家。生物风险企业涉足的领域主要有基因药物研究、生物芯片开发、功能食品制造、组织修复、再生医疗等。其中，从事生物信息学等研究辅助型的企业占第 1 位，从事药品、诊断试剂开发及再生医疗的企业占第 2 位，从事环境修复技术等环境研究的企业占第 3 位，其后是从事转基因技术等农作物开发的风险企业。如今这些生物风险企业已形成完整的产业集群。

三、产业特点

目前，日本在发酵工程、生物医药（尤其是基因工程和单克隆抗体制备）、生物环保、生物能源等多个生物技术产业领域均具有独特优势，在药物发现、生物服务、生物仪器和功能食品等方面具有良好的前景。

（一）发酵工程占世界主导地位

日本的发酵工程技术及产业一直占世界主导地位，抗生素、氨基酸和酶的研究、开发及生产能力居世界首位。1979 年，全世界开发的新抗生素仅 11 种，日本就占了 7 种。自 1980 年以来，日本生产的新抗生素占世界总产量的 1/5。日本 Ajinomoto 公司是世界上最大的氨基酸生产企业，分别在包括日本在内的 16 个国家和地区建有 102 家工厂，在 23 个国家和地区投资经营。20 世纪 40 年代中期，日本谷氨酸盐发酵成功，大大推动了发酵工程的进展。Ajinomoto 公司也是世界最大的味精生产商，年产味精 50 多万吨，占世界总量超过 30%。日本早在 1969 年就开始应用固定化酶生产高果糖浆，之后又用固定化酶和固定化细胞生产天门冬氨酸和色氨酸等。20 世纪 70 年代末，在全世界生产的 26 种酶中，日本生产的占 81%。

（二）生物医药特色显著

日本在生物医药领域的发展起步晚于欧美国家，但日本政府采取了一系列战略措施大力支持生物医药产业的发展，成果显著。2003 年，日本的生物药市场规模为 3795 亿日元，2004 年为 4182 亿日元，2005 年达到 4594 亿日元，呈逐步增长趋势。目前，生物药在所有批准的药物中占 5% ~ 10%。由于日本在单克隆抗体药物制备方面具有优势，生物药中抗体药约占 10%，并且呈现出进一步增长的趋势。在生物药发展过程中，日本不仅注重与药物同时使用的活性蛋白的开发，而且注重给药系统和成药技术的研发。

日本在将生物技术运用于疾病的诊断和治疗方面也很有特色。此外，日本研究人员在给药系统方面取得了突破性进展，研制出一种精确送抵病人损害部位的药物传递方法，例如在治疗大动脉瘤时，最大的问题是利用插管向病灶运送药物后容易引起肿瘤的复发，但是利用纳米运送技术，不仅可以精确运送药物，而且有可能改变药物的种类和用药量。

（三）广泛开发功能食品

日本是一个非常重视健康和保健的国家，人均寿命居世界前列。日本开发了各种功能食品。2005 年财年，日本健康类的功能食品市场规模达6299 亿日元，比 2003 财年增加 11.1%。日本功能食品主要包括改善肠胃、促进牙齿健康、降低中性脂肪和身体脂肪的各类产品。丹麦的 Danisco 公司是全球最大的食品原料生产商，其日本分公司向日本的多数食品、饮料和药物生产商提供各类产品，其中最为日本顾客认可的产品之一是木糖醇（Xylitol），这是一种对牙齿有益的天然甜味剂。尽管最近日本功能食品的市场增长率有所下降，但是，随着公众健康意识的不断增强，功能性食品研发技术将会不断创新，产业将会越来越大。

日本重视节能减排相关的生物技术，大力推进环境保护技术，早在1986 年通产省就开始实施"大规模水复兴 90 计划"，以应对欧美和日本对生物整治和废水处理技术的迫切需求。这项计划帮助许多企业建立了废水处理系统。现在，许多日本公司向欧洲出口废水处理设备和技术。自 2008年开始，日本经产省设立了"用生物技术固定二氧化碳""纤维素生物技术资源作为原料制造化学产品及燃料"等专项。日本农林水产省、环境省也加大了对生物燃料、可再生资源利用技术的研究投入。新时期，面临能源紧缺和全球变暖的世界性挑战，日本开始重视节能减排相关的生物技术研发。为了实现这一目标，日本政府调整了研究开发的投入重点，大幅增加与节能减排相关的生物技术研发投入，重点增加生物能源、生物材料和食品发酵技术的政府资助。

（四）聚焦能源生物的生产与转化

日本生物能源的研究已经进行了多年。该项工作主要集中在能源生物的生产和生物能源的转化上，具体表现在以下四个方面：一是生物体产生甲醇的新颖汽化系统的研究；二是通过自然产生的细菌的共培养和专用型分解酶，使纤维素和半纤维素生物材料转化为乙醇的研究；三是分离和浓缩生物发酵中产生的乙醇的生物膜技术研究；四是牲畜粪便半固体甲烷发酵系统的研究。目前，日本已在一定范围内培育和改善能源作物，建立了新的能源植物栽培体系，并且在生物技术转化方面取得了重要成就，主要表现在以下几个方面：一是将稻壳进行热转化，产生氢气和一氧化碳；二是将生物体通过汽化作用产生甲醇；三是以猪粪便、厨房废料和城市可燃烧废料为材料，采用半固体甲烷发酵法生产甲烷；四是完成了原料淀粉酶的筛选；五是将纤维素、半纤维素材料直接转化为乙醇；六是乙醇分离和浓缩的膜技术和用于乙醇生产的膜生物反应器的研制。

日本一直拥有雄厚的专家技术资源，包括基因分析、基因重组、蛋白质工程、糖工程、生物信息以及基因组药物创制等关键领域。生物技术园区的发展也创造了很好的条件，包括正在逐步进行的制度改革等。但是，成功的关键还是有赖于生物技术领域的产品商业化的能力。更多的药物进入审批程序，更多的全球临床试验项目将加速生物医药产业的进程。

第五节
澳大利亚生物材料行业概述

———————◇———————

澳大利亚有亚太地区首屈一指的生物技术研发中心，科研实力居全球第六，医学研究领域主要包括神经科学、免疫学、干细胞、人类生殖健康、癌症及传染病。澳大利亚拥有良好的公共医疗体系和医疗能力。

一、发展历程

从世界第一例冷冻胚胎试管婴儿技术和干细胞技术，到第一只人工耳蜗、第一剂宫颈癌疫苗，澳大利亚凭借坚实的发展基础，被誉为"全球生物技术之都"，其生物医药领域一直处在全球领先地位。从 1915 年到现在，已有 16 位澳大利亚科学家获得诺贝尔奖，其中在生理学或医学领域荣获 8 项诺贝尔奖。在所获奖项中，生物医药领域占比最大，生物农业领域位居其次。澳大利亚以其仅占世界 0.3% 的人口，将 2.5% 的世界医学研究成果揽入囊中。

澳大利亚在生物医药研究领域具有深厚的基础，也拥有独特的生物多样性资源，生物技术因此蓬勃发展。澳大利亚拥有众多围绕生物技术开展研究的机构，包括企业、大学、联邦及州政府拨款设立的研究机构及其他私立、非营利性组织和科研机构等。其中，澳大利亚国家健康和医疗研究委员会（NHMRC）、澳大利亚研究理事会（ARC）、澳大利亚合作研究中心（CRC）以及政府提供的一系列创新计划，为澳大利亚在生物医学领域开展研究提供了充足的资金支持。

二、发展现状

近年来，在癌症筛查、遗传病基因筛查、抗击肿瘤药物研发、修复髋关节和膝关节、治疗肽药物等方面，以及在研究蛋白质的结构和功能以专注于糖尿病、肾脏疾病治疗和数字健康、健康管理等领域，澳大利亚生物医药研究取得了不俗成果，走在全球前列。

目前，澳大利亚有 400 多家以生物制品研发为核心业务的科技公司，它们受益于政府合理的管理规定和对生物科技业的强大支持。坚实的科研力量为澳大利亚打造出了一条从探索先进的治疗方法到研发医药新产品的健康通道。

截至 2016 年，澳大利亚已成为世界第二大生物技术公共市场，连续三年跻身世界生物技术创新前五名。政府的政策和资金计划旨在提高澳大利亚在医疗技术、数字健康、农业和食品技术、再生医学和生命科学等关键领域的实力。澳大利亚生物药品市场的大体量、完善的监管制度和政府补贴政策吸引了大量外资企业进入澳大利亚生物医药行业。政府研发税收激励政策，每年为生物医药研发企业提供超过 18 亿澳元的补贴，极大地支持和鼓励了在澳大利亚开展的研发活动，使澳大利亚成为全世界开展研发活动的最佳地点之一。

2020 年，澳大利亚启动了大规模遗传病基因筛查研究，用于帮助育龄人群评估孩子罹患严重遗传病的风险，探索在全国范围内开展筛查的最佳方式。

三、发展特点

顶级的研究设施、顶尖的科研人员以及强大而灵活的监管机制使澳大利亚成为生物技术和制药领域的领导者。除此之外，多样化的生物医药政策也促进了该国在生物制药、生物科技和医疗器械领域取得成功。

由经济学人智库评定的国际基准，考量了一系列行业标准，其中包括临床试验、知识产权制度监管、商业和投资环境等，综合评定澳大利亚在生物技术领域极具竞争力，同时也是开展临床试验的最佳地点之一。正是这种竞争力，使澳大利亚成功吸引了超过 470 家生物技术企业，共同组成了蓬勃发展的生物医药发展网络。

（一）政府政策提供强有力支持

2020 年，贝壳社产业研究院、中澳生物医药产业科技园联合发布的《2019 年澳大利亚生物医药产业白皮书》显示，澳大利亚生物医药领域取得的优秀成绩首先要归功于政府对药品政策、临床试验以及大力建设医疗保健制度等方面的投入。

澳大利亚政府重视生物技术产业发展，出台了科技和创新战略，持续加大研发创新的投入力度。在生物医药领域，澳大利亚政府通过澳大利亚研究理事会、国家健康和医学研究理事会、农村研究合作开发公司等机构，资助研发活动，每年投入高达 2.5 亿澳元。数据显示，在政府投入、税务减免、临床试验审批机制和知识产权保护等强有力支持下，每年有超过 1300 个关于药品和医疗设备的新临床试验在澳进行。与此同时，成立了价值高达 200 亿澳元的医药研究未来基金，用于支持基础研究，并为传统研究和商业化提供帮助。

澳大利亚还推出了"全国相互认可计划"，旨在实现多中心临床试验科学与伦理审查的相互认可；制定了临床试验成本的标准化，帮助赞助商可靠地预测在澳进行临床试验的成本，大幅减少了他们与各个试验单位洽谈合同的时间。

澳大利亚贸易投资委员会在报告《为什么在澳大利亚进行临床试验》中指出，2014 年，为进一步提升在临床试验领域的全球竞争地位，澳大利亚成立了临床试验项目参考小组（CTPRG）。CTPRG 力求确定并实施行动和重新设计系统，实现国内流程简化：组织各方开展多个论坛，分成各个小组，最终形成多个议题报告，提交 TGA 并获得认可。早在 2011 年，TGA 就重新定位澳大利亚临床试验行业竞争力：高性价比，及时交付高价值活动，不与低成本临床试验国家竞争。报告显示，澳大利亚有三分之一的临床试验都在维多利亚州进行，且临床研究数据一般能够获得美国和欧盟的认可。一期临床试验一般需要 12~18 个月，但在澳大利亚仅需 6 周，99% 的一期临床试验在完成注册后一周内即可启动，所需时间大大缩短，为海外药企创造了机会。

（二）人才培养与产业发展联动

澳大利亚生物技术产业主要集中在新南威尔士州（40%）和维多利亚州（32%），西澳大利亚州近年来也呈迅速发展态势。

人才方面，澳大利亚拥有50多家世界顶级医药研究所。其中，作为全球领先的医疗技术、生物技术与制药研发和商业化基地，维多利亚州拥有两所全球顶尖的医学院——墨尔本大学医学院与莫纳什大学医学院。

此外，维多利亚州每年有大量的药物研发项目，凭借蓬勃发展的商业、关键研发基础设施以及先进制造专长，广受全球公司的青睐。维多利亚州政府数据显示，目前共有180多家商业产业公司设在该州，其中包括61家澳大利亚证券交易所（简称"澳交所"）上市公司，合计市值达600亿澳元。该州的医药公司与各大国际市场关系密切，为无数制药领域的研究人才及毕业生创造了就业机遇。2018年，澳大利亚毕业生就业结果调查显示，97.2%的药剂师在毕业后4个月内找到了工作，就业率极高。澳大利亚维多利亚州经济发展、就业、交通及资源管理部医疗技术和制药部门主任Andrew Wear博士曾表示，澳大利亚生物技术企业在专利和核心技术上占有优势，但由于当地的生物科技公司通常规模较小，加上融资渠道单一，市盈率不高，企业市值相对处于低位。这片价值洼地使得澳大利亚生物制药企业成为国际资本锁定的新目标。

产业层面，近年来迅猛发展的澳大利亚生物科技公司已超过500家，其中35家为上市公司，市值超过130亿澳元。值得注意的是，这些企业大多为中小型企业。因此，澳大利亚各级政府正在加大对生物科技企业的引资力度。除联邦政府的支持外，多数州政府也出台了众多吸引投资及扶持生物科技公司发展的措施，如昆士兰州通过昆士兰投资公司对生物科技公司提供一揽子投资计划。

第六节
韩国生物材料行业概述

◇

20 世纪 60 年代以来，韩国在消费性电子产业和重工业方面取得成功，随后在信息技术产业领域续写辉煌。进入 21 世纪后，韩国全力发展生物科技，将其视为引领经济发展的新引擎。韩国政府通过宏观规划、出台政策和资金支持等，引导和支持生物技术和产业的发展，使韩国生物技术水平快速提高。

一、发展历程

当前，韩国在发酵技术、干细胞技术、体细胞克隆牛、艾滋病 DNA 疫苗开发、抗除草剂作物等领域均达到世界先进水平，其生物产业年产值已进入世界前 15 位。

（一）政府强化行业管理

多年来，为引导和推动韩国生物技术和产业稳步向前，韩国政府建立了一系列相关组织和机构，主要包括共同管理部门、生物技术研究机构以及中介机构。

1. 共同管理部门

共同管理部门隶属于韩国政府，生物科技产业只是其管理领域之一，包括韩国贸易、工业与能源部、教育科学技术部、教育及人力资源部、保健福祉部、农林畜产食品部、环境部、海洋水产部、食品药品监督管理局等。其中，贸易、工业与能源部主要负责应用生物技术的管理，并促进其产业化，发展替代能源。科学技术部支持基础及尖端技术研究，促进生物技术系统发展。教育及人力资源部辅助资助生命科学基础研究。保健福祉部负责管理和资助新型生物药物，制定临床实验及相关规章制度。农林畜产食品部负责管理转基因动植物、新型食物添加剂研发。环境部负责生物资源的保存及开发利用、发展废弃物处理技术。海洋水产部管理、资助海洋资源保护和海洋生物基因研究。食品药品监督管理局是韩国食品、药品和化妆品等产品的监管机构，其下属生物技术、生物制品评价部负责监管医用产品，参与生物制品安全管理的策划、生物制品生产和进出口许可的监管、生物制品规格和试验方法的评估、重组疫苗试验的批签试验、生物制品的质量控制研究、细胞和基因治疗产品的许可、细胞和基因治疗产品临床试验立法和修订等。

2. 生物技术研究机构

韩国还设立了专业的生物技术研究机构。从1984年开始，在大学中建设生物技术研究机构，开设生物技术课程。1985年，韩国生命工学研究院（KRIBB）成立。20世纪90年代之后，韩国的大学设立了生物科技院系和研究中心。

3. 中介机构

韩国生物技术相关的中介机构与政府关系密切，生物技术产业协会和生物技术风险投资协会隶属于工商能源部，生物技术研究协会隶属于教育科学技术部。这些中介机构是政府、研究机构、企业与投资机构联系的桥梁，形成了集韩国政策、科研、投资、产业于一体的生物技术发展网络。为了有效分配研发经费、避免各部门重复投资，韩国政府于2004年成立了科技创新办公室。

（二）加强行业资金投入

韩国政府对生物产业投资强劲，年投资额持续增长。据统计，1994年以来政府投入每年以20%以上的速度递增，到2005年累计已达4.3万亿韩元。韩国科学技术部2005年用于资助生物技术产业发展的金额提高到了100亿韩元，与2004年比较，增幅高达25%。同年，韩国汉城大学干细胞研究中心（SCRC）的科学家获得了政府为期10年、总金额达7500万美元的研究经费支持。2000—2007年，韩国政府对生物技术领域的投资超过5.2万亿韩元。在不断加大中央投资力度的基础上，韩国政府鼓励企业投资。1994—2006年，韩国政府在生物技术行业的平均投资费用几乎和企业自身的投资相同。2001—2004年，政府平均投资费用超过了企业自身的投资，政府投资总额的年均增长率远远高于企业自身投资的17.5%，达到27.5%。

二、发展现状

近年来，韩国生物产业迅猛发展。2005 年生物产业公司总数达 708 家，上市企业近 30 家，其中专门从事研发的公司有 199 家。产业从业人数 13867 人，研发人员占 53.6%，其中博士 1181 人、硕士 3576 人。韩国生物产业产值自 2000 年以来每年增幅都高于 20%。

韩国生物产业产值在 2010 年占到国际市场的 1.9%，实现了 31 亿美元的总产值；2015 年，占到国际市场的 2.0%，实现了 75 亿美元的总产值；2020 年，占有国际市场 2.2% 的份额，实现了 116 亿美元总产值。韩国生物产业除了整体水平上升外，还形成了几个特色领域。

（一）生物医药

生物医药产业是韩国生物产业的主要领域。韩国生物技术公司中 60% 左右为生物医药企业，占生物产业市场的一半以上，韩国有一批拥有自主知识产权的生物药。韩国获得国际认可的第一款新药是 Factive，于 2003 年获得美国食品药品监督管理局的认可。此后，许多新药研发成功并投入生产。由跨国制药公司研发并在韩国开展临床试验的药品数量从 2000 年的 33 种增长到 2005 年的 146 种。

韩国生物医药企业与多家国际知名医药公司有合作关系。2005 年，在全球制药和消费者保健行业居领先地位的跨国公司瑞士诺华旗下的诺华风险基金与韩国产权投资市场进行合作。2007 年 6 月，世界最大的制药企业辉瑞公司与韩国政府达成一项协议，同意在未来 5 年联合投资 3 亿美元开发新药。辉瑞还给予韩国生命科学和生物技术研究所研发经费方面的资助，并将其视为辉瑞的全球研发伙伴之一，两家还共同开展了一些新药研制项目。

（二）发酵工业

韩国的发酵工业涉及氨基酸、酶制剂、抗生素等多个产业，是其生物技术产业中最具国际竞争力的领域，仅氨基酸产品就占全球市场的 20%。韩国的发酵产品众多，泡菜最具代表性。泡菜是韩国的传统发酵食品，是没有新鲜蔬菜的韩国冬天的必备食品。随着发酵工艺日益提高，韩国泡菜制作工艺逐渐改良，对于泡菜的功能也有了新的发现。2005 年，首尔大学的研究人员发现，韩国发酵的辛辣甘蓝泡菜的一种提取物可治疗禽流感和其他疾病。

（三）生物能源

韩国是世界十大能源消费国之一，原油100%依赖进口，所以生物柴油作为石油燃料的一种替代品在韩国受到高度重视。韩国发展生物柴油的起步时间与我国相近，但此后的产业进步速度明显快于我国。韩国2002年5月开始在首尔和全罗北道开展推广生物柴油的试点工作；2004年10月，韩国修订了《石油及石油替代燃料事业法》，同时制定了生物柴油质量标准；2006年7月，生物柴油在韩国正式上市销售，国家确定的掺混比例分别是5%和20%。但由于产量所限，实际掺混比例至2007年年底只有0.15%，至今已达到2%。这说明韩国生物柴油产量短短时间里增长很快，而且生物柴油的实际使用量已经超过我国。

（四）特色生物制品

韩国拥有一批自主研发、享誉世界的生物制品。如韩国Cheiljedang公司生产的"CJ-lysine"和"CJ-tide"，其产量和产品的多样化程度都在不断提高。在第一框架计划期间（1994—1997年），韩国尚无自主生产的生物制品，处于空白状态；在第二框架计划期间（1998—2001年），韩国自主研发并生产了两种生物制品；在第三框架计划期间（2002—2005年），韩国自主研发并生产的生物制品达到了14种。计划实施初期，大多数韩国自主研发并生产的生物制品都是功能性食品；如今，逐渐开始出现生物医药类和生物诊疗类制品。

（五）其他

近年来韩国加强了遗传基因、系统生物学、结构生物学等领域的基础研究，加大对生物信息学、纳米生物、医疗信息系统、新生物化学、信息技术/生物技术复合技术等多学科复合技术领域的支持力度，并集中力量开展遗传基因新药研究、发育生物学研究、功能性作物及动物开发研究、新生物材料研究、脑科学研究、基因治疗和预防研究等。通过以上举措，韩国生物产业逐步突破传统优势领域，在多个领域与国际接轨。

三、发展特点

近年来，韩国生物产业政策的制定以务实应用为基础，兼顾抢占战略制高点，政府采取"三步走"战略方案，出台了相关政策。第一步是鼓励并支持已有技术成果的应用，重点支持成熟技术的产业化，同时支持某些领域的新技术产业化，例如基因组学、蛋白组学、生物信息学等，资助一些实力较强的研究机构对政府指定的重点领域进行开发研究。第二步是鼓励引进国际先进技术和产品，拓展本国在生物技术方面的应用领域。这一阶段开始重点支持部分研究机构对有前景、有战略意义的生物技术进行自主研究与应用开发。第三步是鼓励并支持原始创新，通过原始创新产生一批具有自主知识产权的研究成果。这一阶段继续加大对有发展前景的技术领域的支持力度，同时进一步加强技术成果的转化。韩国政府通过以上三步，逐步增强了韩国在生物技术领域的研究实力，并在某些技术领域确立了国际领先地位。

20世纪末以来，韩国政府紧密结合以上"三步走"战略，审时度势，科学选择重点，并且有力干预，出台了一系列生物技术及产业政策，引导和推动了韩国生物技术和产业稳步向前发展。

（一）政府高度重视，战略地位明确

韩国政府非常重视生物技术产业，早在1982年就将生物技术纳入国家研发规划。1983年，生物技术促进法案颁布实施，这是韩国生物技术发展的里程碑事件。1984年开始，政府鼓励并支持在大学中建设生物技术研发机构，开设生物技术课程。1997年，"创造研究推动计划"出台。2001年，韩国政府又推出进入新世纪后为期5年的"科学技术基本计划"，将生物技术列为未来重点开发的技术之一，并将2001年确立为"生物技术年"。2004年，韩国启动了下一代增长引擎项目，生物技术领域成为该项目密集投资的重要领域之一。

（二）管理科学有序，及时出台和完善中长期规划

韩国的生物产业管理部门很多，政府部门包括贸易、工业与能源部、科学技术部、教育及人力资源部、保健福祉部、农林畜产食品部、环境部、海洋水产部、食品药品监督管理局等。此外，还有相关的中介机构，

如生物技术产业协会、生物技术风险投资协会、生物技术研究协会等。各部门分别负责生物技术研发的某些领域或环节，分工明确，但又能根据需要密切合作。

生物技术产业是一个高风险、高回报的产业，科学合理的规划十分重要。近年来，韩国政府审时度势，根据国际生物技术产业局势和本国实际出台了一系列规划。1992 年，韩国开始实施"国家生物科技研发计划"。1994 年，为将韩国本土的生物科技实力提升到能与世界顶级科技强国相竞争的水平，韩国教育科学技术部又颁布了"生物技术 2000 计划"。同年，贸易、工业与能源部颁布实施"生物技术产业远景 2000 计划"。2006 年韩国颁布了"国家技术路线图"。同年 11 月，在充分吸取"生物技术 2000 计划"的经验和教训的基础之上，韩国出台了 Bio-Vision 2016 规划，此规划是对"生物技术 2000 计划"的继承和创新，其核心之一是推动韩国生物产业的发展并使其走向世界。按照规划设立的目标，2006—2016 年间，韩国对生物科技投资总额将达 143 亿美元，生物产业市场份额将达 600 亿美元。截至 2016 年，韩国已成为世界生物科技七强之一。两年之后，韩国颁布了"第三次韩国远景规划"。

(三) 鼓励原始创新，推动生物技术产业化

生物技术的原始创新是生物产业发展的源泉和动力。韩国的生物技术行业在研发方面与发达国家，尤其是和美国相比，存在明显的薄弱环节。韩国政府为此出台了多个计划来鼓励本国生物科技发展，旨在推进原始创新能力。1999 年，韩国出台"国家研究实验室计划"。2000 年，启动"21 世纪前沿研发项目"。技术产业化也是韩国政府关注的重点。2003 年，以支持应用研究商业化为重点的"Bio-Star 计划"开始实施。同年，贸易、工业与能源部召开针对生物产业的发展战略会议，并宣布成立"促进生物产业、新药研发、器官工程和生物芯片发展项目"。

(四) 培育优势领域，重点突出

为了培育本国特色生物产业，让有限的资金尽可能用在有产出或最重要的应用领域，韩国对各生物领域的支持力度各异、重点突出。2005 年，韩国产业通商资源部公布《生物产业发展战略》，明确指出要集中发展干细胞克隆、遗传因子重组等重点项目，确立到 2015 年韩国生物产业进入世

界前 7 位，实现产值 60 万亿韩元（约合 576.9 亿美元）、出口额 250 亿美元的目标。韩国还着力提高转基因产品的生产效率，大力发展新型改进型生物技术产品，并不断拓宽融资渠道，吸引公共机构和私人机构投资生物技术产业。

（五）运营机制多样化，注重统筹协调

韩国研究机构运营机制多样，主要包括国家公立研究所、大学研究所、民间研究所三种类型。国家全额拨款研究所和各大学内的专业研究所主要从事基础研究和应用研究，并承担和参加企业研究所的部分国家长期研究项目。民间研究所包括企业研究所、营利法人研究所、非营利法人研究所、产业技术研究组合、民间生产技术研究所等，在韩国研究所中占主导地位，主要从事本行业的技术开发，研究成果直接为生产服务，其研发总投入占全韩国研究所总投资额的 70%。

（六）发展模式灵活，广泛开展国际合作

韩国积极开展生物技术领域的国际合作、吸引外资投入，将构筑全球联合研究体系作为一项重要战略。1985 年，韩国出台"国际联合研究计划"，开始对各种双边合作研究给予政策和资金支持，到 2004 年已经资助了 1896 个国际合作研究项目。韩国还设立了"国际合作协调委员会"，负责制订国际合作方案、政策，促进生物技术产品出口，确立基础和实用技术的国际共同开发战略。

为了吸引领先的海外生物技术公司在韩国建立科研和生产基地，政府还直接给予外商投资特别的优惠政策，如减免超过 10 年的企业税、收入税、注册和资产税，根据技术转让的情况提供 5%～15% 的现金补助和就业机会，根据研发领域技术职位数目提供薪金补贴等。

第二章
进境生物材料生物安全风险

第一节
牛羊源性生物材料的生物安全风险

◇

一、牛海绵状脑病

（一）疫病概况

牛海绵状脑病（Bovine Spongiform Encephalopathy，BSE）俗称疯牛病，是牛的一种具有传染性、渐进性、致死性的中枢神经系统疾病。该病属于传染性海绵状脑病，也叫朊病毒病。临床主要表现为精神失常、共济失调、感觉过敏。组织病理学特征是病牛脑组织神经元空泡化。

BSE 的临床病例大多是 4~6 岁的牛，也发现有 24 月龄以下的牛患病，最老的 19 岁。BSE 的潜伏期较长，一般认为是 3~5 年，大多数是在 1 岁以内被感染的，而肉用牛还未活到发病年龄就被屠宰了（一部分牛可能处于潜伏期）。

在英国，尽管十几年来确诊了大量的 BSE 病牛，但即使在高发期（1992 年和 1993 年之交的冬季），每年也只有 1% 的成年育种牛出现临床病例。在流行的早期，BSE 多发生在大畜群，因为畜群越大，购买受污染的饲料也越多，感染机会相应增大。尽管如此，一个畜群内出现多头 BSE 病牛的情况并不多见。74% 的受害牛场有 5 头或少于 5 头 BSE 病牛，35% 的受害牛场只有 1 头 BSE 病牛。只有 1 个受害牛场曾有过 124 头 BSE 病牛。从目前全世界的情况看，不断有散发的病例被发现。

迄今还没有 BSE 水平传播的直接证据，未见水平传染引起的 BSE 流行。Donnelly 等人（2002 年）曾估算，在母源潜伏期的最后 6 个月，母源传播率为 0.5%（0，2.8%）。对 BSE 患病公牛和健康公牛的后代进行 BSE 发病情况统计的结果显示，二者没有差别。用 BSE 患病公牛的精液、精囊和前列腺进行的实验性感染，也没有检出感染性。

（二）风险分析

1. 释放评估

预防用生物制品、治疗用生物制品大部分用于人体，随着原料为动物源性表达制备的预防用生物制品、治疗用生物制品逐渐增多，使用的人群不断扩大，动物源性病毒感染人类的风险极高，潜在医源性感染问题变得突出。

国际动物卫生法典中将乳及乳制品，精液、体内胚胎（依照国际胚胎移植协会的建议，从活体牛获取和处理），大件皮和小件皮，明胶和胶原（仅指由大件皮和小件皮所制），油脂（以重量计，不溶杂质不超过0.15%）及油脂衍生物制品，磷酸二钙（无蛋白及脂肪残留），血液和血液副产品（来自屠宰前未经击晕处理、未采用向颅腔内注射压缩空气或脑脊髓刺入法死亡的牛）等产品均归为安全商品。

从 BSE 发生国家（地区）进口活牛、反刍动物蛋白，如肉骨粉（MBM）、骨粉，以及任何可能携带有 BSE 病原并可暴露给反刍动物的产品，都具有传入 BSE 的风险。

国际动物卫生法典中关于进口骨胶和胶原且拟用于生产食品、饲料、化妆品、药品（包括生物制剂）或医疗设备的建议如下：进口国（地区）兽医主管部门应要求出示国际兽医证书，以证明：商品来自 BSE 风险可忽略国家（地区）或生物安全隔离区，或来自 BSE 风险可控或未经确认有 BSE 风险的国家（地区）或生物安全隔离区，并且牛经过宰前和宰后检验；另外，30 月龄以上牛屠宰时已去除脊柱和头颅；且骨骼经脱脂、酸软化处理、酸或碱处理、过滤、138℃及以上灭菌至少 4 秒钟，或采用其他等效或更好的降低感染性方法（如高压加热）。

2002 年以前，没有任何实验证明 BSE 不会发生母源传播，尽管这种情况实际发生得很少。曾有统计数据表明，母牛表现出 BSE 临床症状前 6 个月内所产的小牛，发生 BSE 的可能性较大。过去英国在制定预防 BSE 的政策时，是按照母源传染有可能发生这一设想而定的，因此淘汰了 BSE 病牛所产的小牛。近年来发生 BSE 的国家（地区）在对 BSE 病例进行追踪调查时，也考虑到了母源传播的小概率，从牛群中剔除了 BSE 病例的后代。2002 年第 150 期《兽医记录》公布的英国卫桥 BSE 实验室的研究资料表明，用 BSE 患病公牛的精液人工授精 BSE 患病母牛，将得到的胚胎移植到无 BSE 的母牛体内，7 年后没有任何受体牛和后代表现出 BSE 症状或 BSE 脑部组织病变（Wrathall et al，2002）。国际胚胎移植协会根据这一实验结果，认为体内培育的牛胚胎如果按照国际胚胎移植协会规定的程序进行冲洗、处理和储存，没有传播 BSE 的风险。

2. 后果评估

世界卫生组织认为，如果充分接触病原，所有的动物包括人都有患病的潜在风险。联合国粮农组织警告 BSE 很可能会席卷全球。

对动物的危害：目前的研究表明，传染性海绵状脑病可发生于牛、绵羊、山羊、驼鹿、麋鹿、水貂、猫等多种动物。BSE 虽然发病率低，病例均系散发，但是 BSE 对动物个体的危害是致命的。该病潜伏期长，缺乏活体诊断的方法，从动物群中剔除感染动物相当困难。

对人的危害：BSE 与人类的克雅氏病同属传染性海绵状脑病，新型的克雅氏病很可能与食用污染 BSE 的牛肉有关。该病自 1994 年 2 月首次出现于英国以来，到 2009 年年底已有 200 个死亡案例。除法国 2 例外，其余均发生在英国。经研究，已初步证明新型克雅氏病和 BSE 是由同一种病原引起的。

二、布氏杆菌病

（一）疫病概况

布氏杆菌病又称布鲁氏菌病、马耳他热或波浪热，简称布病，是由布氏杆菌属（Brucella）细菌引起的以感染家畜为主的人畜共患传染病，主要侵害性成熟动物、生殖器官，以引发胎膜发炎、流产、不育、睾丸炎及各种组织的局部病变为特征；人感染表现为发热、多汗、关节痛、神经痛及肝脾肿大，病程长，并易复发。世界上有 200 多种动物可感染布氏杆菌病，家畜中，羊、牛和猪最常发生布氏杆菌病。布氏杆菌病会导致巨大的经济损失和严重的公共卫生问题。全世界每年因布氏杆菌病造成的经济损失近 30 亿元。在我国 31 个省（自治区、直辖市）中，有 25 个存在和流行人、畜布氏杆菌病。20 世纪 80 年代中期，世界布氏杆菌病疫情开始回升，我国的布病疫情于 1993 年后也有所反弹。布氏杆菌病是世界动物卫生组织规定的通报疫病，我国规定该病为二类动物疫病。

该病在世界范围内流行，曾在近 170 个国家（地区）流行。主要流行区域有拉丁美洲、亚洲、非洲、环地中海地区等。全世界每年新发病人约50万。

养殖的母畜患布氏杆菌病，会反复流产、不孕，其生殖器官、胎膜等多种器官组织发生炎症，出现胎衣不下、子宫内膜炎等，以致繁殖率低、产奶量下降。养殖的公畜患该病，会发生睾丸炎、关节炎等，配种时会将该病传染给母畜，性欲减退，失去种用价值。对患该病的病畜或同群畜，必须扑杀并进行无害化处理，这会给养殖者带来极大的经济损失。

感染布氏杆菌病的人，会出现波浪式发热、流黏性汗液，早晚发热不定；会发生关节疼，以腿或腰关节疼痛、水肿、积液为特征；会感觉全身乏力、精神不振；男性会患睾丸炎，女性会流产，手指关节肿胀疼痛；人会失去劳动能力，且终身携带布氏杆菌。该病会给人的身体健康和家庭生活带来极大的损害。

（二）风险分析

1. 释放评估

在自然条件下，布氏杆菌病的易感动物范围很广，世界上有200多种动物可感染该病，其中羊布氏杆菌病最多见，其次主要是牛、猪，还有鹿、骆驼、马、狗、猫、野兔、狐、鸡、鸭和一些啮齿类动物。该病会引起感染动物胎膜发炎、流产、不育、睾丸炎及各种组织局部病变的症状。由发病国家（地区）进境的上述动物携带并传播病毒的可能性非常大，因此，该病易感动物作为传播媒介的风险较高。

国际动物卫生法典中列明的安全商品包括：骨骼肌肉、脑和脊髓、消化道、胸腺、甲状腺和甲状旁腺及衍生产品、鞣制的皮张与毛皮、明胶、胶原蛋白、动物脂和肉骨粉。

目前，没有资料说明布氏杆菌在血清及生物制品中的存活时间，但是，布氏杆菌在自然环境中生命力较强，在病畜的分泌物、排泄物及死畜的脏器中能生存4个月左右，在食品中可生存约2个月。从发生布氏杆菌病的国家（地区）进口的动物的血清是不安全的。

2. 后果评估

我国多个省、自治区和直辖市都发生过布氏杆菌病疫情，再次发生的可能性非常高。目前，对于布氏杆菌的致病机理和毒力因子，并不是十分清楚，而且对于布氏杆菌病的诊断，国际上还没有一种令人满意的方法。

一旦发生疫情，传播速度十分迅速，很难将疫情控制住，这会对我国畜牧业、动物及其产品出口、食品安全、公共卫生安全及人类生命健康等造成重大的损失，严重影响人民的日常生活。

三、牛结核病

（一）疫病概述

结核病（Tuberculosis）是一种古老的危害严重的人畜共患传染病，其病原体属于分枝杆菌。世界卫生组织曾制订计划，要在 2015 年消除全球结核病。根据感染的机体不同，常见的结核病有人结核病（Human Tuberculosis）、牛结核病（Bovine Tuberculosis）和禽结核病（Avian Tuberculosis），分别主要由结核分枝杆菌、牛分枝杆菌和禽分枝杆菌引起。牛结核病和人结核病可以相互感染，禽结核病也可以感染牛和人。

牛结核病在全球六大洲均有发生。近年来，流动人口的骤增，艾滋病的流行，耐药结核病的蔓延，公众对结核病控制的忽视，以及贫富差距的加剧等，致使结核病疫情加重，有的国家（地区）呈持续上升趋势。世界卫生组织统计资料显示，1986—1990 年，在 25% 的发达国家（地区）结核病疫情和 41.5% 的发展中国家（地区）持续上升。目前，结核病已成为全球头号传染病杀手。据统计，结核病是当今世界单一致病菌死亡率最高的疾病，超过了艾滋病、疟疾、腹泻等传染病致死人数的总和，排在世界总死因的第 7 位。

牛结核病呈全球性分布。该病在非洲、亚洲、拉丁美洲及中东一些国家（地区）仍流行，未得到控制。研究结果显示，在美国，感染牛结核病的养殖场大概占总数的 22%。我国的牛结核病首次确诊于 20 世纪 50 年代中期，发生的地点在内蒙古。

牛是对该病最敏感的动物。牛分枝杆菌可感染牛、猪、人、鹿和大象等 50 种温血脊椎动物。在猴、狒狒、狮子、大象和水牛间均有结核病发生的报道，牛结核病和人结核病可相互感染，禽结核病也可感染牛和人，这种无种群界限的相互传播倾向应该引起足够的重视。由于牛和人的关系（牛奶、牛肉及制品等）较其他动物更为密切，随着牛奶在人正常饮食中的比重加大，人的结核病发病率也在上升。社会流行病学研究显示，二者呈明显的流行病学相关性。5%～10% 及至更多的人结核病是由牛分枝杆菌引起的。

外源性或内源性均可污染精液传播该病。外源性污染主要是由阴茎包皮处的结核灶释放结核杆菌引起的，内源性污染主要是由噬菌细胞携带的结核杆菌引起的。从感染结核杆菌的母牛收集的含精液的子宫冲洗液中含有结核杆菌，通过冲洗不能完全去除结核杆菌。

（二）风险分析

1. 释放评估

牛结核病是一种人畜共患病，而且可以感染多种动物。牛结核病在世界范围内广泛存在，近年来疫情有抬头趋势。活动物、动物产品均有传入牛结核病的可能。该病主要通过呼吸道和消化道传播，也可通过交配传播。结核杆菌在牛群之间主要通过空气传播；饲草饲料被污染后通过消化道感染也是一个重要的途径；犊牛的感染主要是由吮吸带菌的奶造成的。在临床诊断上，此病通常呈慢性经过，病畜症状不明显，患病较久，且不易诊断。

结核病患病病畜是主要传染源。结核杆菌在机体中分布于各个器官的病灶内，病畜能由粪便、乳汁、尿及气管分泌物排出病菌，污染周围环境而散布传播，主要经呼吸道和消化道传播，也可经胎盘或交配传播。该病一年四季都可发生。

国际动物卫生法典中列明的安全商品为经宰前和宰后检验合格的动物的鲜肉和肉产品、经过加工处理的兽皮及其制品、动物胶、胶原蛋白、动物油脂和肉骨粉。

2. 后果评估

我国拥有大量的家畜和其他动物，牛结核病的传入将给我国畜牧业生产带来严重的威胁。执行该病的防治措施要花费很大的人力和物力，而在发现病例后对农场进行消毒处理，也会对环境造成一定的影响。

四、口蹄疫

（一）疫病概况

口蹄疫是由口蹄疫病毒（Foot-and-mouth Disease Virus，FMDV）引起的危害偶蹄兽的急性、热性、高度接触性传染病，主要侵害牛、猪、绵羊、山羊和骆驼等家畜，以及多种野生偶蹄动物。

口蹄疫的自然易感动物是偶蹄兽，但不同偶蹄兽的易感性差别较大。牛最易感，发病率几乎达100%，其次是猪，再次是绵羊、山羊及20多科70多种野生动物，如黄羊、驼鹿、马鹿、长颈鹿、扁角鹿、野猪、瘤牛、驼羊、羚羊、岩羚羊、跳羚。大象也曾发生过口蹄疫感染。狗、猫、家兔、刺猬间有发生。人对口蹄疫易感性很低，仅见个别病例报告。口蹄疫的传播途径广泛，可通过直接接触、间接接触和气源传播等多种方式迅速传播。直接接触发生于同群动物之间，包括圈舍、牧场、集贸市场、运输车辆中动物的直接接触。间接接触是通过畜产品，以及受污染的场地、设备、器具、草料、粪便、废弃物、泔水等传播。猪主要是通过食入被病毒污染的饲料而感染，并可大量繁殖病毒，是病毒的主要增殖宿主。空气传播是口蹄疫重要的传播方式，对于远距离的传播更具流行病学意义。空气中病毒的来源主要是患畜呼出的气体、圈舍粪尿溅洒、含毒污染尘屑等形成的含毒气溶胶，这种气溶胶在适宜的温度和湿度环境下，通常可传播到10千米以内的地区，传播到60千米（陆地）或300千米（海上）以外地区的可能性是存在的。因此，口蹄疫常发生远距离的跳跃式传播和大面积暴发，迅速蔓延并容易形成大流行。

几乎世界上所有的国家（地区）历史上都发生过口蹄疫。目前，口蹄疫在世界上的分布仍然广泛，一般相隔10年左右就有一次较大的流行，世界上许多国家（地区）都在不同程度地遭受口蹄疫的危害或者威胁。根据2023年5月公布的无口蹄疫国家（地区）名单，有89个国家（地区）无口蹄疫。依据是否注射疫苗和整个国家或者部分地区的口蹄疫情况，分为4种类型：不注苗无口蹄疫国家（地区），67个；注苗无口蹄疫国家（地区），2个；不注苗、部分地区无口蹄疫国家（地区），11个；注苗、部分地区无口蹄疫国家（地区），9个。

（二）风险分析

1. 释放评估

病毒在不同外界环境下和不同材料上的存活时间不同。相对湿度在55%以上时，温度越低，病毒存活的时间越长。病毒在-70℃至-50℃可存活数年之久。目前还不清楚不同环境下干粪中病毒感染力的情况。被病毒污染的器具、衣物、饲料等可间接传播病毒。尽管气源传播方式受到风速和地理环境的影响，但在适宜的温度和相对湿度较高的条件下，风在病毒的传播中具有重要的流行病学意义，尤其对牛而言。

口蹄疫病毒在 pH 值小于 6 时可被灭活。多项研究牛肉、猪肉中病毒存活情况的实验表明，感染动物肌肉组织中的病毒，在尸僵过程中肉的 pH 值下降到 5.5~6.0 时，4℃下 48 小时即可失去活力。但病毒可在血凝块、骨髓、淋巴结和内脏中长期存活，因为这些组织可抵抗尸僵过程中的 pH 值变化，病毒的活力受到保护。这些组织中的病毒在 4℃ 条件下感染力可保持 4 个月以上。如果感染动物被屠宰后未经过尸僵过程或尸僵不全便冷冻，病毒可在冷冻肉中存活 80 天以上。

消化道是感染口蹄疫病毒的主要途径之一。经口感染的剂量因动物种类不同而不同，牛经口感染的剂量为 106.0 ID50。处于口蹄疫临床发病期的病牛，其心肌、肾、逆行咽淋巴结、血液和肝脏中的病毒滴度分别为 1010.0pfu/g、1010.6pfu/g、108.2pfu/g、105.6 TCID50/g、103.6 TCID50/g。经过加工处理的肉或肉制品中口蹄疫病毒的滴度可不同程度地降低，病毒滴度有可能达不到引起发病的水平。有研究者认为，带毒的免疫动物不能传播病毒，但在津巴布韦，口蹄疫曾由非洲水牛传染给牛，这一流行病学资料表明，带病毒的牛理论上可引起易感牛暴发口蹄疫，尽管很难通过实验证明这一点。生物材料的生产加工全过程都受到严格管控，不会进入食物链和饲料链，引起动物发病的风险可以得到有效控制。

已在牛、猪、野水牛的精液中分离到口蹄疫病毒。在表现出临床症状前 4 天到感染后的 10 天内，牛精液中的病毒滴度较高，表现出临床症状后至少 37 天仍可检测到病毒。

2. 后果评估

口蹄疫危害动物种类之多、传播之迅速，是其他任何动物疫病所不能比的。口蹄疫的暴发不仅给其流行国家（地区）的畜牧业造成了巨大的经济损失和毁灭性的打击，而且严重地干扰了这些国家（地区）的社会经济秩序。

我国以食用猪肉、牛肉和羊肉为主，也是世界上猪、牛、羊养殖大国。国家统计局数据显示，2022 年我国生猪存栏量和出栏量分别为 4.53 亿头和 7 亿头，同比增加 0.74% 和 4.27%。截至 2022 年，全国猪肉产量 5541.43 万吨，占肉类总产量（9328.44 万吨）的 59.4%。2022 年，全国肉牛存栏约 10215.85 万头，出栏量达 4839.91 万头，屠宰肉牛约 3010 万头，牛肉产量 718.26 万吨，产值约 6780 亿元。2022 年年末，全国羊存栏量 32627 万只。如果口蹄疫随进境商品传入国内并发生流行，直接经济损失包括口蹄疫引起动物的高发病率和死亡率，种用价值丧失，患病期间肉和奶生产停止，病后肉、奶产量长期减少，国家财政拨出大量资金补贴农民因宰杀患病动物而承担的损失，畜牧业面临崩溃的危险等，间接经济损失包括肉品加工业、冷冻冷藏业、饲料业、轻纺业、皮革加工业、油脂加工业等相关产业会遭受重大冲击，餐饮、乳品、化学、药品、饮料、香料、运输、外贸等 150 种行业的发展会受到影响。据专家预测，如果将养猪业的直接经济损失计为 1 个单位，相关产业的间接经济损失将达 3.4 个单位以上。畜牧业停滞、破产，相关产业受到冲击，会造成大批工人失业，失业率增加，同时扑杀并销毁病畜会导致肉类短缺，引起一系列社会经济问题。此外，口蹄疫已成为动物和动物产品国际贸易的主要障碍。如果某个国家（地区）发生口蹄疫，许多国家（地区）会对该国家（地区）动物和动物产品的进口实施限制或禁运措施，退运或销毁来自该国家（地区）的畜产品，紧急取消家畜和畜产品贸易合同，从而影响对外贸易的正常进行，甚至引发国际贸易摩擦与纠纷，影响双边或多边关系。

如果口蹄疫病毒随进境商品侵入、扩散，还会危害野生动物，对生态平衡产生影响。纵观数百年的口蹄疫流行史，可以看到，口蹄疫的流行往往会演变为名副其实的没有硝烟的战争。实际上，一次口蹄疫大流行对流行国家（地区）造成的种种损失和影响，有时并不亚于一场真正的战争。

五、蓝舌病

（一）疫病概况

蓝舌病（Blue Tongue，BT）是由蓝舌病病毒引起、由库蠓传播的反刍动物的一种严重传染病，主要分布在地球北纬 40°和南纬 35°之间的许多国家（地区）。尽管蓝舌病病毒感染绵羊后表现出临床症状，但病毒的主要脊椎宿主是牛。除绵羊外，牛对蓝舌病病毒易感，但以隐性感染为主，只有部分牛表现出体温升高等症状。山羊和野生反刍动物，如鹿、麋、羚羊、沙漠大角羊等，也可感染蓝舌病病毒，但一般不表现出症状。仓鼠、小鼠等实验动物可感染蓝舌病病毒，也有人从野兔体内分离出病毒。除此之外，非反刍动物未见感染蓝舌病病毒的报道。

蓝舌病病毒在脊椎宿主和非脊椎宿主之间交叉传播，脊椎宿主之间自然接触不会导致感染。针头注射或者人工授精存在传播的可能。传播蓝舌病病毒的生物学媒介是库蠓。库蠓吮吸患病毒血症动物的血液后，病毒在库蠓唾液腺内增殖，8小时内病毒浓度急剧升高，6~8天达到高峰，使库蠓终身具有感染性，但还没有证据证明库蠓可将病毒通过卵巢传染给后代。由于蓝舌病是一种虫媒病毒病，它的发生、传播与环境有很大关系。

动物感染蓝舌病病毒强毒株后发病死亡，死亡率可达60%~70%，一般为2%~30%，不发病死亡的，其生产性能如产肉率、产奶量会下降，导致饲料回报率降低。

（二）风险评估

1. 释放评估

蓝舌病病毒（Blue Tongue Vires，BTV）属于呼肠孤病毒科（Reoviridae）、环状病毒属（*Orbivirus*），为一种双股RNA病毒。病毒呈圆形颗粒状，核衣壳直径53~60纳米，衣壳由32个大型壳粒组成，壳粒直径8~11纳米，病毒为对称的二十面体。BTV含双股RNA，全部RNA由10个片段组成，RNA分子量为19×10^6，占病毒总重量的20%，G+C含量42%~44%，病毒含7种结构多肽，主要核心蛋白为VP3，它包裹着3个次要蛋白VP1、VP4和VP6，以及双链RNA片段。VP7为另一种主要蛋白，位于亚核之外，外层衣壳由VP2和VP5两种主要蛋白构成。

BTV可在干燥血清或血液中长期存活，也可长期存活于腐败的血液中。该病毒在康复动物体内能存活4个月左右，对乙醚、氯仿和0.1%去氧胆酸钠有一定抵抗力。在50%甘油中于室温下可保存多年。3%福尔马林、2%过氧乙酸和70%酒精可使其灭活。BTV对酸抵抗力较弱，pH值5.6~8.0稳定，pH值3.0能迅速灭活，不耐热，60℃30分钟灭活，75℃~95℃可迅速失活。

国际动物卫生法典列出的安全商品是乳及乳制品、肉及肉制品、皮张与毛皮、毛绒和纤维以及按法典规定采集、处理和保存的牛体内胚胎和卵子。

欧洲药品管理局关于牛血清（包括胎牛血清、新生牛血清和小牛血清）用于生物制品生产的管理指南中指出，检测哪种病毒应考虑血清产地所在的病毒流行趋势，一般来说，应考虑 BTV 及其他相近的环状病毒。

蓝舌病分布的主要国家（地区）所涉及的媒介库蠓中，有些蠓种在我国亦有分布，也有些是与主要媒介同一亚属的近缘种。尖喙库蠓为广布于非洲、澳大利亚和亚洲南部地区的热带、暖温带蠓种，是马瘟和蓝舌病的媒介。四川省南部地区的调查表明，该地侵袭家畜的 3 个属 15 种吸血蠓类中，尖喙库蠓为优势种。7 月中旬，24 小时内侵袭马匹的吸血昆虫中蠓类占 93.07%，其中尖喙库蠓占吸血蠓类的 60% 以上，其刺叮活动的高峰期在日落后（19 时左右）。在室温 25℃、相对湿度为 80% 的条件下，库蠓完成幼虫期发育需 2~24 天，卵的孵化期为 4~5 天，整个生活史为 28~32天。异域库蠓分布于澳大利亚北部至东南亚、印度、日本、朝鲜、菲律宾。它在我国广东、广西、福建、台湾、湖南、云南、内蒙古、辽宁等地也常见，兼吸家畜和人血。在福建省南部龙海县一带终年有活动，10 月份出现高峰，是在清晨与黄昏活动的蠓种。异域库蠓与非洲的主要媒介为同一亚属，并被认为可能与蓝舌病传播有关。螯孔库蠓分布较广，塞浦路斯、埃及、英国等地均有分布，与美洲蓝舌病主要媒介很近缘，或与蓝舌病传播有关。此种库蠓在我国分布于内蒙古、甘肃、青海和湖北等地。原野库蠓是我国的广布种，是刺叮家畜的主要吸血蠓种，成虫多见于牛舍，幼虫孳生于污水淤泥中，20℃~28℃雌虫吸血后 3~4 日即可产卵。夏季室温条件下，自卵发育至成虫需时 2~32 天。此蠓与杂翅库蠓为同一亚属的近缘种，虽无带 BTV 的记录，但分布广，为我国南方厩舍中分布众多的蠓种，应予重视。

我国存在传播蓝舌病的媒介库蠓，如果不考虑虫媒地域分布差异和季节性活动差异的情况，我国易感动物接触传播的风险较高。但考虑到涉及的生物材料的使用范围仅限于生物、医学诊断试剂盒的原料，生产加工全过程受到严格管控，不会进入食物链和饲料链，与传播媒介及易感动物接触的概率很低，引起动物发病的风险可以得到有效控制。

2. 后果评估

虽然我国对蓝舌病进行了一定的流行病学调查，但目前国内蓝舌病的真正流行病学情况还不十分清楚。我国的地理和气候条件又适合蓝舌病的传播媒介库蠓存在，因此，当新的蓝舌病亚型传入我国并导致在国内发生此病后，特别在库蠓活跃的地区，该病将很快传播并且很难根除，而且该病的发病率和死亡率都较高，会对我国的牛羊生产和国际贸易产生严重的影响，直接与间接的经济损失较大。蓝舌病是我国重点防控的重大动物疾病。

六、牛病毒性腹泻

（一）疫病概况

牛病毒性腹泻是由瘟病毒属引发的疾病，包括牛病毒性腹泻和黏膜病。瘟病毒包括两种生物型（非细胞病变生物型和细胞病变生物型），血清学检测不能区分。非细胞病变生物型可以感染胎儿，引发持续感染，导致出生后一生免疫耐受。若细胞病变生物型病毒重复感染持续感染的动物，就会发展为黏膜病。通常持续感染动物不显现出临床症状，但会不断地传染给本畜群的其他牛，导致此病在牛群中持续存在。通常持续感染的动物不会产生针对牛病毒性腹泻病毒（BVDV）的抗体。但如果它们被BVDV的异源株感染，会产生针对异源株的中和抗体。瘟病毒不但有两个生物型，还有两个基因型（BVDV 1 型和 BVDV 2 型）感染牛。每个基因型均可能是细胞致病，也可能是非细胞致病。BVDV 2 型有较高的致病性，高等毒力毒株也较多，可导致严重的出血和高死亡率。然而，BVDV 1 型的绝大多数毒株无毒力，导致的疾病也不易觉察。BVDV 1 型呈世界性分布，在澳大利亚也广泛传播，在肉牛群和奶牛群中感染占相当的比例。BVDV 2 型具有高致病性，存在于北美、日本和一些欧洲国家。

病毒性腹泻在世界范围内都有分布，具有流行率高、发病率相对较低的特点，是牛的主要疫病，给世界养牛业造成了巨大的经济损失。该病的发生会导致产奶量下降、肉产量降低、繁殖障碍、生长迟缓、继发其他病原概率增加甚至死亡等，会给养牛业造成较大的经济损失。

（二）风险评估

1. 释放评估

该病主要是经口感染，易感动物食入被污染的饲料、饮用水而经消化道感染，也可因吸入由病畜咳嗽、呼吸而排出的带毒的飞沫而感染。病毒可通过胎盘发生垂直感染，但用感染牛病毒性腹泻病毒的组织进行组织移植时，并不感染受体牛。

牛病毒性腹泻可以穿过胎盘感染，特别是在怀孕早期。牛病毒性腹泻病毒血清抗体阴性的母牛一旦感染，常常通过胎盘使胎儿产生免疫抑制，引起持续性病毒血症。如果小牛正常产出，病毒血症能持续带入成年期。这种牛临床貌似健康，血清中又无保护性抗体，但体内始终带病毒，是牛群中最危险的传染源。

来自感染牛病毒性腹泻病毒的公牛的精液具有传播该疫病的风险，被污染的精液可能会通过人工授精传染给易感牛。胎盘也具有传播病原的风险。若使用含有病毒性腹泻病毒的胎牛血清生产疫苗，疫苗也会成为传播牛病毒性腹泻的风险因素。

日本东京大学的 Harasawa 等报道，在 5 批人用麻风腮及风疹疫苗成品中检出了 BVDV RNA。Wessman 等报道，污染 BVDV 的胎牛血清的使用，已经导致包括胎牛肾细胞（EBK）、牛肾细胞（MDBK）、牛鼻甲细胞（Bo-Tur）、猪肾细胞（PK215）、猫肾细胞（CRFK）和非洲绿猴肾细胞（Vero）细胞等多种细胞系的污染。其他遭污染的细胞还有牛肺细胞、绵羊肾细胞、蚊细胞、兔肾细胞、胎猫细胞、猪睾丸细胞等。这些细胞系多用于人用或兽用疫苗的生产。而污染了 BVDV 或其他病毒的细胞将改变细胞的生长特性，并影响疫苗生产的病毒产量。如果使用这种污染病毒的细胞生产疫苗，将使接种疫苗的人或动物发病。

关于检测 BVDV，欧洲药品管理局管理指南推荐采用荧光抗体的方法，并认为 RT-PCR 的方法只有有限的价值。BVDV 如果存在，则应定量，并保证其病毒水平在可灭活的范围之内。如果检测到 BVDV，则应在采取灭活措施之后再次进行检测，直到检测不出病毒。

自然情况下，暂时感染和持续感染的牛体液能够将瘟病毒传播给母畜，导致敏感母畜繁殖损失，产出持续感染的小牛。牛腹泻病毒可随分泌物和排泄物排出体外。持续感染牛可终身带毒、排毒，因而是该病传播的重要传染源。病毒血症期的公牛体液中也有大量病毒，可通过自然交配或人工授精而感染母牛。

2. 后果评估

该病呈全球性分布，各养牛业发达的国家（地区）均有流行。血清学调查及一系列研究表明，牛的 BVDV 抗体阳性率高达 50% 以上，大约有 70% 的 2 岁以上的牛 BVDV 抗体阳性，0.5%~1% 的牛是持续感染牛。由于养牛业的集约化，国内牛的频繁交换以及牛进口数量的增加扩大了BVDV的传播范围。该病多发生于肉牛，发病率变动很大，一般在2%~50%，而在最严重的病群中死亡率高达90%。我国从进口牛当中也发现有较高的血清阳性率，并多次分离到病毒。BVDV的引入将会引起出血综合征，导致严重的畜群损失。尽管该病很难被根除，但可以通过免疫加以控制。BVDV通常不会发生大的流行。

七、牛传染性鼻气管炎

（一）疫病概况

牛传染性鼻气管炎病毒（Infectious Bovine Rhinotracheitis Virus，IBRV）又名牛疱疹病毒Ⅰ型（Bovine Hepersvirus I，BHV-1）。IBRV粒子呈球形，带囊膜，成熟病毒粒子的直径为150~220纳米，主要由核心、衣壳和囊膜三部分组成，核心由双股DNA与蛋白质缠绕而成，DNA分子量约为138kD。基因组外包有核衣壳，形成正二十面体立体对称结构，外观呈六角形，有162个壳粒，周围为一层含脂质的囊膜。

IBRV对温度很敏感，在37℃下经10小时有一半病毒失去活性，在56℃下经21分钟可使病毒灭活。病毒在pH值4.5~5时不稳定，4℃以下病毒较稳定，保持30天感染滴度几乎无变化。

IBRV能在肾细胞、胚胎细胞、肾上腺细胞、睾丸细胞等牛源的多种细胞培养物内良好增殖，也可在羔羊的肾细胞、睾丸细胞等细胞内增殖。IBRV不能在猴肾、小鼠肾、鸡胚细胞以及KB和L细胞内增殖，也不能在鸡胚内增殖。单层细胞培养，24~48小时即产生细胞病变，3~4天后细胞单层基本掉光。IBRV的细胞融合作用不大。感染细胞首先在核染色质间形成少量嗜酸性微细颗粒，随后逐渐聚集成团块，发展为圆形和椭圆形的包涵体。成熟的包涵体其外绕以透明晕带。

据说该病是20世纪30年代初从欧洲传入美国的，即因配种引起的所谓水泡性阴道炎，当时称为"交媾疹"，它是牛传染性鼻气管炎的前身，即现在的"脓疱性外阴—阴道炎"，主要通过交配进行传播。20世纪50年代，在北美多地的牛群中出现了以呼吸道症状为主的疾病，后被命名为牛传染性鼻气管炎（IBR），1956年从病牛体内分离出第一株IBRV毒株。迄今为止，北美洲、欧洲、大洋洲、亚洲、非洲、南美洲均有IBR病例的报告，目前瑞典、奥地利、丹麦等国家（地区）已彻底根除该病。

牛传染性鼻气管炎是一种高度传染性疾病，世界各地均有分布。该病会造成乳牛流产和产乳下降、显著延缓肥育牛群的成长和增重，会对畜牧业生产造成重大损失。

（二）风险分析

1. 释放评估

空气、媒介物及与病牛的直接接触均可传播病毒，但以飞沫、交配和接触传播等传播方式为主，通过血清传播该病的可能性不大。

病毒存在于病牛精液中，IBRV 阳性公牛在交配时会感染易感母牛，因此在国际动物卫生法典中，对输入牛精液提出了具体要求。

该病一旦传入，发生并传播的可能性很大。该病在秋季和寒冷的冬季较易流行。

若血清中含有此类病毒，会在细胞培养过程中产生细胞病变，因此会对血清质量产生影响，甚至对血清后续产品产生影响。动物皮毛、蹄等副产品的原材料因含有血液残余或沾染有动物便溺、鼻眼阴道分泌物和精液等污染物，存在一定风险。

IBRV 可潜伏在三叉神经节和腰、荐神经节内，中和抗体对潜伏于神经节内的病毒无作用。该病毒是疱疹病毒科成员中抵抗力较强的一种，病毒在 pH 值为 4.5~5.0 范围内不稳定，在 pH 值为 6.0~9.0 范围内稳定，在 pH 值为 7.0 的细胞培养液内的病毒十分稳定。IBRV 不耐热，在 4℃ 条件下可保存 30 天，其感染滴度几乎无变化；在 22℃ 条件下保存 5 天，感染滴度降为之前的 1/10；37℃ 时半衰期为 10 小时；在 56℃ 条件下，经 21 分钟即可使其灭活。不同毒株对乙醚的敏感性差异大，但对氯仿敏感，丙酮、酒精或紫外线均可破坏病毒的感染力。

该病可以通过被污染的饮水、饲料、空气飞沫、直接接触传播，也可通过交配、胎盘和初乳传播。牛群过分拥挤，密切接触，会促进该病的传播。运输、集中饲养、分娩等饲养环境的急剧改变以及各种应激反应均可诱发该病或促进该病传播。由于我国养牛的数量比较大，一旦带毒的动物或污染的产品进入我国，可以通过接触、饲料、饮水、空气飞沫、交配、人工授精、胚胎移植等方式传染。由于该病在牛群中交叉感染率很高，一旦牛群感染该病，可能会出现大范围流行。

2. 后果评估

该病可引起牛生长发育不良、产乳量和生殖力下降、流产、死亡率和淘汰率增高，给养牛业造成严重的经济损失。表现为鼻气管炎、传染性脓疱性外阴阴道炎、传染性龟头包皮炎、结膜炎、肠炎、流产、脑膜脑炎、乳房炎等多种病型。自然条件下，仅牛对该病易感。其他家畜和实验动物都具有抵抗性，多种动物能产生抗体。该病在秋冬寒冷季节较易流行，特别是舍饲的大群奶牛，在密切接触的条件下，更易迅速传播。一般发病率为20%~100%，死亡率为1%~12%。该病在我国已经有过发生和流行，是我国关注的疾病之一。

如果引入含有 IBRV 的生物材料，会降低生物材料甚至后续产品的质量，造成极大的经济损失，甚至造成人或动物发病。

八、牛细小病毒

（一）疫病概况

牛细小病毒（Bovine Parvovirus，BPV）的颗粒直径是23~30纳米，病毒粒子外观呈圆形或六角形，系本属病毒中较大者，DNA 病毒。衣壳由 3 种多肽组成，核酸系单股 DNA，能抵抗乙醚、氯仿和 pH 值为 3 的处理，在56℃下稳定，在-70℃条件下储存最稳定。在 65℃环境中存在 30 分钟加热不被灭活。与其他细胞病毒的同源性很低。与本属其他成员不呈现交叉血清反应，抗原性好。BPV 是本属病毒中血凝作用较强者之一，特别是对豚鼠、猪和人的 O 型红细胞，与其他动物如犬、马、绵羊、山羊、仓鼠、鸭、鹅和大白鼠等的红细胞也能发生凝集，但不凝集牛、兔、猫、小鼠和鸡的红细胞。实验室最常应用豚鼠红细胞。该病毒的细胞感染范围较窄，仅能在原代和次代牛胎的肾、肺、脾、睾丸和肾上腺细胞内良好增殖，但不能在牛传代细胞系增殖。在培养条件上不同于本属其他成员的一个显著特点是，它不仅能在处于有丝分裂过程中的细胞内增殖，也能在已形成单层的细胞培养物内增殖。在接种病毒后 3~4 天出现细胞病变，起初细胞内出现颗粒样变化，继之圆缩，直至完全溶解脱落。细胞在接种病毒后 18~24 小时开始出现嗜酸性核内包涵体。

在美国83%的牛群中，有14%~100%发现抗细小病毒抗体。北美洲、欧洲、亚洲和非洲许多国家（地区）都有关于牛细小病毒的记载，俄罗斯也分离出了这种病毒。

病毒在自然界普遍存在，一旦疫情出现，若不及时处理，容易造成大规模传染，特别是在家畜繁殖季节，会造成重大经济损失。该病对牛有病原性和致病力，能经胎盘传染，并导致胎牛死亡；感染家畜的排泄物和流产出的胎儿中含有大量的病原体，若处理不当，很容易将疾病扩散，会对环境造成进一步影响。

（二）风险评估

1. 释放评估

牛细小病毒主要经口和空气等途径传播。已证明，牛细小病毒可经胎盘传染，因此生物材料如胎牛血清中传入牛细小病毒的可能性极大。这类病毒一般不会引起大的流行病，但是会影响牛血清质量，并对后续产品造成质量影响。

欧洲药品管理局关于牛血清（包括胎牛血清、新生牛血清和小牛血清）用于生物制品生产的管理指南中对特异病毒的检查指出，检测哪种病毒应考虑血清产地所在的病毒流行趋势，一般来说，应考虑牛细小病毒。

2. 后果评估

如果引入了含有牛细小病毒的生物材料，会降低生物材料的质量，造成极大的经济损失。《中华人民共和国药典（2020年版）》规定，新生牛血清通过细胞培养及免疫荧光法检测，不得检出牛细小病毒等，未经外源因子检测的牛血清若带有任何一种传染源，都有可能对正在生长的细胞或者生物制品带来风险，从而给疫苗生产造成巨大损失。

九、牛腺病毒

（一）疫病概况

牛腺病毒（Bovine Adenovirus，BAV）粒子呈二十面体立体对称，无囊膜，双链 DNA。直径 70~90 纳米，其蛋白衣壳共有 252 个壳粒，每个壳粒直径达 8~9 纳米，由 240 个非顶角壳粒和 12 个顶角壳粒组成。在每一顶角壳粒上有一根纤丝，纤丝末端呈球状，纤丝长度因不同血清型而异，为 10~30 纳米。几乎所有的牛腺病毒均可凝集大鼠的红细胞，但 3 型毒株的凝集性较低。2 型毒株还可凝集小鼠红细胞。某些毒株还能凝集牛、羊、山羊等的红细胞。1 型、2 型都不能凝集鸡、豚鼠、牛、绵羊或人 O 型红细胞。牛腺病毒可在牛肾和牛睾丸原代、继代和传代细胞中增殖，并产生腺病毒的特征性细胞病变——细胞变圆，形成嗜酸性或嗜酸性核内包涵体。根据不同毒株对细胞培养的要求和病变特征，可将牛腺病毒分为两个群。第一群易在牛肾细胞上继代，产生不规则形状的核内包涵体，出现病变早且明显；第二群不能在牛肾细胞上生长，但能在牛睾丸细胞上生长，形成多数有规则形状的包涵体。

根据有关国家（地区）对某些牛群的血清学调查，发现感染牛腺病毒的牛是很普遍的，且多数呈隐性经过，取感染牛群中外表健康的犊牛睾丸细胞作组织培养，常常发现潜伏有牛腺病毒，经盲传可产生致细胞病变作用。美国、荷兰、澳大利亚、匈牙利、英国、古巴、意大利、土耳其、印度、加拿大、墨西哥、比利时、摩洛哥、日本、罗马尼亚、尼日利亚等均有 BAV 感染的报道。

（二）风险评估

1. 释放评估

牛腺病毒主要经口传播。这类病毒一般不会引起大的流行病，但是会影响牛血清质量，并对后续产品造成质量影响。

牛腺病毒尚不清楚是否为人畜共患，但是可以转化人细胞。中国药典、美国药典、欧洲药典、美国联邦法规、美国食品药品监督管理局（1993/1997/2010）、人用药品注册技术要求国际协调理事会均对牛源性病毒检测牛腺病毒。

2. 后果评估

如果引入含有牛腺病毒的牛血清，会降低牛血清的质量，造成极大的经济损失。

十、呼肠孤病毒

（一）疫病概况

呼肠孤病毒（Reovirus）核酸型为双股 RNA，在负染电镜下，呼肠孤病毒科所有成员外形为 5:3:2 立体对称的二十面体球形颗粒，成熟病毒无包膜，大小约为 75 纳米。通常认为呼肠孤病毒颗粒由双层衣壳组成，即内衣壳与外衣壳，其核心衣壳内含有 10～12 条 dsRNA 基因组。进一步的观察发现，并非所有呼肠孤病毒科成员的蛋白衣壳均为双层，可以划分为双层或者三层（胞浆多角体病毒属成员例外）。这类病毒包括正呼肠孤病毒属、斐济病毒属、胞浆多角体病毒属、水生呼肠孤病毒属、水稻病毒属；在 5 次对称轴上无任何突起或衣壳表面相对光滑的病毒为第 2 类，它们是环状病毒属、轮状病毒属、植物呼肠孤病毒属和科罗拉多壁虱病毒属，具有使血球凝集的能力。

哺乳动物呼肠孤病毒具有凝集人的 O 型红细胞的特性，可在原代猴肾、人胚肾、猪肾、猫肾、狗肾、羊和牛肾细胞上繁殖，并可引起细胞病变，形成浆内嗜酸性包涵体。20 世纪 60 年代初，从人和动物的呼吸道或肠道中分离出这类病毒。

（二）风险评估

1. 释放评估

呼肠孤病毒的传播途径很多。这类病毒通过生物制品一般也不会引起大的流行病，但是会影响生物制品质量，并对后续产品造成质量影响。

2. 后果评估

生物材料中的生物制品通常是直接注射用药的，产品若遭受病毒污染，对人、动物可能会造成重大伤害。在人类历史上，疫苗和血液制品等都曾出现过病毒污染的案例。

如果引入含有呼肠孤病毒的生物制品，将会造成极大的经济损失，甚至造成人或动物发病。

十一、牛呼吸道合胞体病毒

（一）病原

牛呼吸道合胞体病毒（Bovine Respiratory Syncytial Virus，BRSV）属于副黏病毒科、肺病毒亚科、肺病毒属。BRSV 为 RNA 病毒，病毒的基因组为单股负链不分节段 RNA，大小为 15～16kb，病毒粒子呈多形性，主要为球形。病毒核衣壳呈螺旋对称，直径约为 13.5 纳米。衣壳外有囊膜。病毒的 RNA 是转录和复制的模板。

BRSV 在氯化铯中的浮密度为 1.225g/ml，病毒 RNA 的沉降值为 50s，病毒对热不稳定，在 56℃ 的环境中经过 30 分钟可被灭活。对酸类敏感，最适宜保存的溶液 pH 值为 7.5。

通常 BRSV 的分离主要通过 MDBK 细胞和肺细胞培养得到，呼吸系统的鼻甲成纤维细胞和气管细胞分离效果较好，牛的原代细胞也能分离到此病毒。病毒经过连续的细胞培养后，细胞病变以细胞融合和嗜酸性细胞包涵体的形式存在。

该病呈世界性分布。欧洲、美洲和亚洲均有从病畜和犊牛体内分离到该病毒的相关报道。这些国家主要包括瑞士、美国、加拿大、英国、日本、中国等。在墨西哥，牛血清的阳性率达到 90.8%。加拿大、美国、新西兰，通过相应的诊断方法，在绵羊体内也检测到 BRSV 抗体。有关报道显示，通过血清学检测，在山羊、猪和马体内也发现有 BRSV 血液抗体存在。通常 BRSV 引发呼吸道疾病，很少会造成疾病的大流行，主要以地方流行和局部散发为主，但这些年在欧洲等许多地区，牛呼吸道合胞体病的发生和流行率逐年上升，并且暴发了几次危害较大的流行。目前，国外很多相关报道证明 BRSV 能垂直传播，已在屠宰牛和固定的奶牛场从牛的胚胎血清中检出 BRSV 抗体。

近年来，BRSV 已成为国外犊牛和成年牛最重要的呼吸道病原之一。该病能影响犊牛的生长发育，可使肉牛增重减缓及乳牛泌乳量显著下降，给养牛业造成很大的经济损失。

(二) 风险评估

1. 释放评估

该病通过直接接触感染，也可通过飞沫和气雾传播。通常 BRSV 的分离主要通过 MDBK 细胞和肺细胞培养得到，呼吸系统的鼻甲成纤维细胞核气管细胞分离效果较好，牛的原代细胞也能分离到此病毒。

BRSV 一旦传入，发生的可能性很高，由于 BRSV 单独感染牛后常为隐形感染，没有临床症状，或仅引起轻微的临床症状，易造成病毒在场内传播。若这些感染牛受到应激，机体的免疫力会下降，继发细菌感染，导致发病率和死亡率增加。

欧洲药品管理局关于牛血清（包括胎牛血清、新生牛血清和小牛血清）用于生物制品生产的管理指南中对特异病毒的检查指出，检测哪种病毒应考虑血清产地所在的病毒流行趋势，一般来说，应考虑 BRSV。

2. 后果评估

牛呼吸道合胞体病对养牛业危害极大，15～18月龄牛发病率高达80%～100%，死亡率为1%～3%，会给养牛业造成很大的经济损失。

病毒经过连续的细胞培养后，细胞病变以细胞融合和嗜酸性细胞包涵体的形式存在，会降低牛血清的质量。

如果引入含有BRSV的牛血清，将会造成极大的经济损失，甚至造成动物发病。

十二、牛轮状病毒

（一）疫病概况

轮状病毒（Rotavirus，RV）是呼肠孤病毒科（Reoviridae）、轮状病毒属的成员。轮状病毒粒子呈球形，有内外两层衣壳，没有囊膜，呈二十面体对称。病毒粒子直径约为70纳米。在电镜下观察，病毒的中央是一个电子致密的六角形核心，其直径为37～40纳米，为病毒的芯髓；其周围有一电子透明层，壳粒由此向外呈辐射状排列，构成病毒粒子的内衣壳；其外周是一层光滑薄膜构成的外衣壳，厚约20纳米，可能是在内质网膜芽生时获得的。

轮状病毒对理化因素有较强的抵抗力。室温下能保存7个月。对一些环境条件，如温度、pH值、化学物质和消毒剂有耐受性。在pH值为3～9这个范围内稳定，耐超声震荡和脂溶剂。耐受乙醚、氯仿和脱氧胆酸钠处理而不影响其感染性。在细胞培养物和粪便标本中均存在三种形式的病毒粒子，即具有双层衣壳的完整病毒粒子（完全型或光滑型，S型），该病毒粒子具有感染性；具有单层衣壳的病毒粒子（粗糙型，R型），该病毒粒子没有外衣壳，无感染性；不成熟的只有空衣壳的病毒颗粒。

轮状病毒很难在细胞培养中生长繁殖，即使增殖也不产生或者仅产生轻微的细胞病理变化。实验表明，RV需要经过胰蛋白酶及胰凝乳酶等蛋白水解酶处理后才能适应细胞生长，否则不能在细胞水平上反复传代。大多数动物的轮状病毒（除某些牛、猪轮状病毒株外）在细胞培养物中增殖时，一般只产生轻微而不稳定的细胞病变或不产生细胞病变。大多数初代分离物若想见到明显的细胞病变，则需在细胞培养物中连传几代。细胞病变表现为细胞肿大变圆、脱落、颗粒增多、变暗，有时出现融合灶及拉网现象，有时仅表现粗糙感，细胞并不脱落。有的毒株不产生细胞病变，需要用荧光抗体法等手段检测。

RV 在世界范围内广泛流行，总体上看，流行型中血清型 G 以 G1、G2、G3、G4 为主，基因型 P 以及 P8 和 P4 为主。自美国在世界范围内报道发生 RV G9 型感染后，先后有几十个国家（地区）有文献报道检测到 RV G9 型，所以流行株已被列为全球第四位。澳大利亚在 2006—2007 年检测到 G9 型成为当地当年的流行株。印度在 2005—2007 年的 RV 监测显示，G9 型感染占到第三位。

（二）风险评估

1. 释放评估

目前只有最初分离的几个轮状病毒株（猴的 SA11 株、牛的 Nebraska 株和 O 株）易于在细胞培养中增殖，而其他一些轮状病毒（牛、猪和人的轮状病毒等）应用胎肠器官培养以及胎肠单层细胞核胚肾等许多原代或细胞系单层细胞培养物进行分离和增殖时，常不易成功或增殖率不高，不易传代。

2. 后果评估

牛群中普遍存在，对人和牛的危害不大。

十三、牛白血病

（一）疫病概况

牛白血病病毒（Bovine Leukemia Virus，BLV）是由 Miller 等人于 1969 年首先分离的，其生物学特性直到 1972 年才逐渐搞清。随后的研究证明，该病毒属于 C 型致瘤病毒群，是反转录病毒科、致瘤病毒亚科的 RNA 病毒。根据国际病毒分类委员会 1999 年公布的病毒分类报告，该病毒属于反转录病毒科、T 型反转录病毒属。病毒粒子呈球形，有时也呈棒状结构，直径 80~120 纳米；外包双层囊膜，膜上有 11 纳米长的纤突。病毒核衣壳呈二十面体对称，中心是螺旋状，能产生反转录酶，病毒粒子中的反转录酶分子量为 70kD，在有镁离子存在时活性最高，而其他病毒的反转录酶需要有锰离子才有最高活性。

BLV 能凝集绵羊和鼠的红细胞，易在牛或羊原代细胞上生长和传代，也可在犬和蝙蝠的细胞上增殖，但是不形成蚀斑。将 BLV 感染细胞与牛、羊、人、猴等细胞共同培养，可使后者形成合胞体（多核巨细胞），合胞体感染实验是临床监测 BLV 的有效方法。

BLV 对外界环境的抵抗力较低，对温度较敏感，56℃ 30 分钟大部分可被灭活，60℃ 以上会迅速失去感染力。

该病早在 19 世纪末就被发现，但直到 1969 年才由美国的 Miller 从病牛外周血液淋巴细胞中分离到病毒。目前，该病几乎遍及全世界各养牛国家（地区），特别是在欧美、德国、波兰、匈牙利、保加利亚、罗马尼亚、丹麦、瑞典、俄罗斯、美国、古巴和加拿大等国流行较甚；亚洲的日本也较多。

牛若感染 BLV，产奶量会降低（群体水平为 2.5%~3%），若病牛出现临床症状，乳的产量显著少于健康牛。一般在发病的第一、二年中，年产量降低 15%~20%，第三、四年会减少 40%。肉的变化：当病牛体内仅有血液变化时，与优质肉相似，在发病过程中，肉逐渐变质，最明显的变化是肉、肝和心肌的总氨基酸会减少 18%~20%，脂肪和蛋白成分减少而水分增加，肉成熟过程延缓。另外，感染了 BLV 的牛群淘汰率会增高，对其他传染病易感，如乳腺炎、下痢和肺炎，但对生殖力影响较小。该病被认为有明显的家系倾向和免疫抑制性。除了能引起直接的经济损失外，对出口的活畜及其精液、胚胎也有影响。

（二）风险评估

1. 释放评估

该病可以通过水平传播方式感染，也可通过垂直传播方式将病毒由感染的母体传给胎儿或者新生犊牛。病毒感染动物前期，出现病毒血症，不断排出具有感染性的病毒，可使同群牛发生接触性感染；病毒感染后期，动物体内出现中和抗体，感染的淋巴细胞在血液中的数量增多，并终身存在于末梢血液中，成为有感染性的持续传染源。

BLV 易在牛或羊原代细胞上生长和传代，将 BLV 感染细胞与牛、羊、人、猴等细胞共同培养，可使后者形成合胞体。BLV 对外界环境的抵抗力较低，对温度较敏感，56℃ 30 分钟大部分可被灭活，60℃ 以上会迅速失去感染力。

犊牛通过吸吮感染母牛的初乳也可被感染，但这种感染的发病率较低。感染牛白血病病毒的肉牛并不能感染受体牛。感染后的牛群并不立即出现临床症状，多数为隐性感染，成为传染源。吸血昆虫是传播 BLV 的重要媒介，虻、蝇、蚊、蜱、蠓和吸血蝙蝠都可传播该病。另外，注射、手术等也可机械性地传播该病。输血可能是该病传播最直接的途径。

2. 后果评估

一旦该病进入畜群，BLV 就会进行水平传播。传播成功的因素包括直接接触和长时间的暴露两个方面。该病主要侵害 3 岁以上的成年牛，以 4～8 岁之间的牛感染率最高。该病病程长，一般在症状出现数周或数月以后死亡。在欧洲有该病流行的牛群，每年由该病导致的死亡率约为 2%，也有的地方高达 5%。地方流行时，年发病率可达 0.06%，非地方流行时，年发病率为 0.004%。该病被认为有明显的家系倾向和免疫抑制性。昆虫在该病的传播过程中起着重要的作用。我国将牛地方流行性白血病列入二类传染病加以防控，也是我国重点关注的牛的疾病之一。

十四、赤羽病

（一）疫病概况

赤羽病（Akabane）由赤羽病病毒（Akabane Virus, AKAV）引起，AKAV 直径为 80～120 纳米（平均 95～105 纳米），有囊膜和蛋白纤突，为单股负链 RNA 病毒，由 L、M、S 三个基因节段组成，分别编码 RNA 依赖的 RNA 聚合酶 L（L 节段），囊膜糖蛋白 G1、G2、NSm（M 节段），和核衣壳蛋白 N、NSs（S 节段），其中 NSm 和 NSs 为非结构蛋白。

AKAV 有囊膜和纤突，对乙醚、氯仿及 0.1% 脱氧胆酸钠等敏感。在 pH 值为 6～10 的范围内稳定，在 pH 值为 3 时不稳定。对紫外线敏感，但不能被硫酸盐、鱼精蛋白沉淀，56℃ 时迅速灭活。病毒有红细胞凝集性（HA）和溶血性（HL）。病毒可凝集鸽、鹅的红细胞，但鸽的红细胞凝集后可发生溶血现象。

AKAV 可感染牛、羊、猪、仓鼠肾细胞，HmLu-1, Vero, PK-15, BHK-21, RH-13, MDBK 等传代细胞。其中以 HmLu-1、Vero 和 BHK-21 细胞最易感，细胞接种后可产生明显的细胞病变作用和形成蚀斑。

赤羽病的发生具有明显的季节性和地区性，从地区的发病情况来看，历史上有两次规模较大的流行，一次是 1972—1975 年，另一次是 1985—

1986 年。20 世纪 30 年代该病即在澳大利亚的牛羊群中流行，1959 年首次在日本群马县赤羽村的蚊虫体分离出病毒。分离出病毒的国家（地区）有澳大利亚、日本、美国、以色列等，而抗体阳性的国家（地区）更多。目前该病主要分布于澳大利亚、以色列、日本、韩国及东南亚、中亚和非洲等地。

（二）风险评估

1. 释放评估

该病主要通过吸血昆虫传播，主要传播媒介是蚊和库蠓。赤羽病的发生具有明显的季节性和地区性。用 AKAV 感染原代培养的胎牛脑细胞，发现神经元和星形神经胶质最为敏感。已先后从日本的骚扰伊蚊、三节喙库蚊和尖喙库蚊，澳大利亚的短跗库蠓、云斑库蠓、杂斑库蠓，肯尼亚的按蚊及南非的多种库蠓中分离到病毒。库蠓胸腔接种 AKAV 后，病毒可在其体内复制，并能在体内持续 9 天以上。蚊子通过叮咬家畜的黏膜和上皮传播病毒。72% 的雌蚊吸吮带毒动物血液后即可带毒，3~8 天时病毒量达到最高值。此外，赤羽病还可通过母体垂直传播。感染动物一般不表现出临床症状。虫媒叮咬患病动物或带毒动物，带毒后可借风力到达不同地区，再度叮咬易感动物，引起流行。此外，该病还可通过母体垂直传播。所以，感染活动物具有传入 AKV 的风险，尤其是隐性感染带毒的动物具有更大的潜在风险。

动物感染后，一般不表现出体温反应和临床症状。妊娠牛、羊感染 AKAV 后，会出现流产、早产、死产、先天性 AH 综合征以及木乃伊胎儿等症状。妊娠牛异常分娩，多发生于 7 个月以上至接近妊娠期满的牛。流行初期，胎龄较长的母牛，发生早产的较多，母牛多不能站立。流行中期，胎儿体型异常，如关节、脊柱弯曲等，易发生难产；即便顺产，新生犊牛也不能站立，哺乳困难。流行后期，会出现无生活能力或瞎眼的犊牛。但出现异常生产，对母牛下次妊娠基本无影响。

症状感染只见于牛、绵羊和山羊，野生反刍动物也可被感染，马、水牛、骆驼、狗也曾发现有 AKAV 抗体，未见人类感染报道。纯种鼠是较理想的实验动物。鸡胚对该病毒有敏感性，接种后能引起死亡或先天性畸形。患者和带毒者是该病的传染源。从黄牛、乳牛、肉牛、水牛、绵羊、山羊、马、猪、骆驼、猴、野兔、树懒等动物体内均检出抗体并分离到病毒。AKV 的主要传播媒介是蚊和库蠓,虫媒带毒后可借风力到达不同地区,再度叮咬易感动物引起流行。该病的流行具有明显的季节性和地区性,并常表现出周期性。一般 8 月份母牛异常产逐渐增多,10 月份达到高峰,之后流行情况逐渐减弱,并可持续到次年 3 月。在同一地区,连续两年发生的情况较少见,即使发生,数量也极少;几乎没有发生过同一母牛连续两年异常的。该病毒对温度敏感,56℃30 分钟可完全灭活。

2. 后果评估

黄牛、乳牛、肉牛、水牛、绵羊、山羊、马、猪、骆驼、猴、野兔、树懒等动物均曾发现感染,孕期的牛、绵羊、山羊对 AKAV 最易感,感染后果也最严重。妊娠母畜感染 AKAV 后随血流增殖,并持续存在于胎盘子叶的滋养层细胞、胎儿中枢神经系统和骨骼肌中未充分发育和分裂的细胞中,导致坏死性脑脊髓炎和多发性肌炎。感染的病毒粒子或病毒抗原出现在胎牛的大脑、脊髓和骨骼肌中。

已经证实,赤羽病广泛分布于澳大利亚、东南亚、东亚、中东和非洲的热带和温带地区,主要由蚊子、库蠓、螨类等节肢动物传播。赤羽病会造成中等程度的经济损失。

第二节
猪源性生物材料的生物安全风险

一、非洲猪瘟

(一) 疫病概况

非洲猪瘟(African Swine Fever,ASF)是由非洲猪瘟病毒(African Swine Fever Virus,ASFV)引起的猪的一种高度致死性疫病。ASFV 是目前已知的唯一一种虫媒性 DNA 动物病毒,归类在独立的非洲猪瘟样病毒科(Asfarviridae)、非洲猪瘟病毒属(*Asfivirus*),目前是该科中唯一一个成员,是具有囊膜的双股 DNA 病毒,可感染家猪、野猪和软蜱(钝缘蜱属),是唯一一种以节肢动物为生物传播媒介的具有囊膜的双股 DNA 病毒。

ASF 病程短，死亡率高，对养猪业危害巨大，被世界动物卫生组织列为法定通报动物疫病，我国将其列为一类动物疫病。

2018 年之前，我国乃至绝大多数亚洲国家未发现过猪瘟传染病，2018 年后我国多个省（市、自治区）均发布相关病例。目前，世界上尚未研究出具有针对性的非洲猪瘟疫苗。虽然非洲猪瘟多在猪群之间传播，不会感染人类，但会给养猪行业造成巨大的危害。加之我国对猪肉的需求量较高，年均猪肉产品消费占据所有肉类食品的 65%，若不及时阻止该疫病在国内的传播，将直接侵害到养殖行业的经济效益。

（二）风险分析

1. 释放评估

生物材料的特殊性来源于动物，因此会涉及生物安全问题。

猪内脏越来越多地被用于生物材料的研制，如利用猪内脏膜制成生物敷料、猪源生物材料人工肋骨板的制作等。2022 年 1 月 10 日，马里兰大学医学院公布了世界首例活人成功植入基因编辑猪心脏的手术，虽然该病患存活了仅两个月，但是无疑改变了异种移植领域的新格局。

研究表明，冷冻的生肉和内脏中的 ASFV 可存活长达 1000 天，若保存于 4℃~8℃，病毒存活期为 84~155 天；感染脾脏保存于冰箱中，病毒可存活 204 天；在带骨肉的骨髓中，病毒可存活 180~188 天；在皮肤和脂肪中，可存活达 300 天；在内脏中可存活达 105 天；在 4℃ 条件下，病毒在血液中可存活 1 年；在感染公猪的精液中可检测到 ASFV，因此，欧盟和世界动物卫生组织都规定要对猪的精液进行 ASFV 检测。

猪血液常被用于制备血球粉和血浆粉，已有检测数据表明，在血浆蛋白粉中检测出 ASFV 核酸，但尚无证据表明血浆蛋白粉可传播病毒。

2. 后果评估

非洲猪瘟具有发病快、感染率和死亡率均高的特点，且无有效的治疗方法和预防接种疫苗，极短的时间内可在全国范围内暴发，其危害程度远高于古典猪瘟和高致病性猪蓝耳病，会给养猪业造成毁灭性打击。我国是世界上生猪出栏量、存栏量和猪肉消费量最大的国家。由于缺乏有效的疫苗，目前对 ASF 的防控主要依赖于严格的生物安全措施和管理。

二、猪链球菌病

（一）疫病概况

猪链球菌病（Swine Streptococosis）是由溶血性链球菌引起的人畜共患疾病，猪感染后会出现败血性、局灶性淋巴结化脓和关节炎等主要特征，还可能引起人脑膜炎、败血症等，导致严重疾患，甚至死亡。该病分布广泛，发病率较高，败血症型病死率较高，是我国规定的二类动物疾病。

该病呈世界性分布，自 20 世纪 50 年代以来，荷兰、英国、加拿大、澳大利亚、新西兰、比利时、巴西、丹麦、西班牙、德国、日本和我国台湾等地先后有报道。我国最早由吴硕显（1949 年）报道，在上海郊区发现该病的散发病例。1963 年在广西部分地区开始流行，继而蔓延至广东、四川、福建、安徽等地。1998 年 7 月下旬至 8 月中旬，江苏海安、如皋、通州、泰兴部分地区发生数万例猪链球菌病例，同时有数十人感染，并造成10 多人死亡。2005 年 6 月中旬至 8 月初，四川资阳、内江等地发生一起较大规模的人—猪链球菌病疫情，疫情分布在 12 个市的 37 个县（市、区）、131 个乡镇（街道）、195 个村（居委会），造成 206 人感染，其中 38 人死亡。该病不仅影响世界养猪业，还严重危害人的生命安全。

（二）风险分析

1. 释放评估

链球菌在不利的环境中存活的时间极其短暂，耐热性不强，经过适度热处理或高温处理的猪肉制品、猪肉骨粉、血粉类传播病原的可能性较小。猪链球菌垂直传播的机制仍不十分清楚，目前没有证据表明，公猪生殖器携带该菌。Robertson 等人发现，母猪生殖道内存在猪链球菌。由此推断，胚胎具有传播病原菌的风险。猪链球菌 2 型在灰尘中可存活 30 天（0℃），在粪便中可存活 90 天，在尸体中可存活 42 天（4℃）。因此，携带猪链球菌 2 型或被含有猪链球菌 2 型的粪便污染的动物产品即便经过了长途运输，仍具有较高的传播病原的风险。

2. 后果评估

该病发病猪死亡率较高，对猪业的发展威胁较大，而且可引起从业人员感染发病和死亡。猪链球菌具有血清型多样、耐药性产生快、耐药性强等特点，给其预防和治疗带来很大难度，受到越来越多的关注。我国非常重视猪链球菌病的防控工作并已取得很好的成效。我国的猪肉产品不仅能满足国内市场需求，还顺利出口到世界上许多国家和地区。如果猪链球菌病随进口动物或商品侵入我国，其危害是多方面的。一是引起猪只死亡，养殖户收入降低；二是政府和养殖户将投入更多的人力、财力和物力扑灭和控制疫病；三是出口受损，影响外贸发展；四是导致失业人数增加，加重社会负担；五是对生态环境产生负面影响；六是给人民群众的身体健康带来威胁。

三、尼帕病毒病

（一）疫病概况

尼帕病毒病（Nipah Virus Disease，NVD）是一种新发生的人畜共患的病毒病，其病原是一种新型副黏病毒，可引起多种动物和人严重脑炎和呼吸系统疾病，发病率和死亡率高。

NVD 是 1997 年在马来西亚森美兰州首次发现的一种严重危害家猪和人的新型病毒性传染病。1998 年 10 月至 1999 年 5 月，NVD 在马来西亚猪群和人群中大规模流行，致使 265 名养猪工人发病，其中 105 人死亡，116 万头猪被扑杀。自 2000 年 2 月以来，该病再度在马来西亚流行，引起该国和周边国家（地区）的恐慌和广泛关注。近年来，NVD 在东南亚与南亚一些国家频频出现，危害十分严重。

尼帕病毒的自然宿主十分广泛，包括人、猪、马、山羊、猎犬、猫、果蝠及鼠类，传染源主要有两种，即果蝠和野猪。传染猪的途径可能是直接接触患病猪的分泌物和排泄物，以及血液、粪便、尿液、胎盘等污物后，经口摄取以及咳嗽形成的飞沫被吸入引起传播，在封闭式猪栏中这种情况尤为严重。人的尼帕病毒感染与密切接触患病猪有关，兽医、饲养人员、污物处理人员及屠宰场工人为易感人群，人接触的患病狗、猫等也是传染源。人类可通过食用被果蝠的尿液、唾液等排泄物或体液污染的水果而感染，或饮用被尼帕病毒污染的枣椰树树汁而感染。

（二）风险分析

1. 释放评估

猪是尼帕病毒的天然宿主，猪感染后，病毒可在猪体内大量繁殖。病毒血症持续时间较长，并可通过呼吸道、尿液、粪便等途径向外界散播病原。该病能通过多种途径传播，主要传播方式为直接接触传播。病毒对许多消毒药敏感，经过消毒处理或有关工艺加工的皮、毛、绒及其制品不存在携带病毒的风险。

动物体液/组织来源制品的病毒污染最大风险来源于起始原材料。重点应考虑起始原材料的动物病毒特别是人畜共患病病毒的风险控制，以及生产工艺过程的病毒清除能力，必要时应对产品进行病毒污染检测。

2. 后果评估

尼帕病在我国是一种全新的致病性疾病，我国对该病毒的研究尚处在起步阶段，目前没有能够用于人类或动物的疗法或疫苗。我国是一个饲养生猪和食用猪肉的大国，人畜对该病毒还没有产生群体免疫力，一旦发生猪尼帕病毒病疫情，可能很快会在猪群中扩散，造成我国经济方面的损失、社会方面的危害和对生态环境的破坏：一是尼帕病一旦侵入，控制和根除需要投入大量的人力、物力、财力；二是尼帕病能导致猪群的高死亡率或严重疾病，从而降低产品供应能力，引发猪肉产品的价格上涨；三是一旦暴发尼帕病疫情，输入方将停止进口发病方的猪及其猪相关产品，出口市场的损失会更加严重。

四、猪细小病毒病

（一）疫病概况

猪细小病毒（Porcine Parvoirus，PPV）属细小病毒科（Parvoviridae），是一种小的、无包膜的单链 DNA 病毒。

病猪和带毒猪是主要传染源，PPV 抗体阳性的猪中有 30%～50% 是带毒猪，不同品系猪含 PPV 的特异性抗体不同。被感染的大鼠是另一传染源；牛、绵羊、猫、豚鼠、小鼠和大鼠中均能检测到 PPV 的特异性抗体；兔感染后，可致其流产、死产，这表明 PPV 的宿主范围在扩大、感染谱逐渐在加宽。病毒可经胎盘、交配、人工授精、呼吸道、被污染的饲料进行传播。该病广泛分布于世界各地，常见于初产母猪，一般呈地方流行性或散发，发生后，猪场可能连续几年不断出现母猪繁殖失败。

自 1967 年从英国猪流产胎儿中分离出 PPV 后，比利时（1967）、德国（1968）、日本（1972）、美国（1972）、荷兰（1972）、澳大利亚（1973）、南非（1975）、法国（1977）、加拿大（1978）、芬兰（1979）、巴拿马（1987）等国（地区）相继有报道。该病广泛流行、危害严重，世界各地因此普遍重视。各国（地区）猪群血清学调查阳性率均较高，如澳大利亚、法国、芬兰、美国、阿根廷、韩国等国阳性率最低为 40.7%、最高99.6%，大多在 80%~90%。在日本估计有 10%、芬兰有 81.1%、西班牙有 51.8% 的猪流产是由细小病毒引起的。

自大约 50 年前在德国首次检测到 PPV1 以来，越来越多的 PPV 基因型被发现。PPV2 首次在缅甸的猪上发现，PPV3 在全球分布，PPV4 首次在美国北卡罗来纳州被发现。近年来，已经检测到一些新的 PPV，这些病毒暂定名为 PPV5、PPV6、PPV7。

近年来发现的新型 PPV 毒株与人细小病毒的亲缘性较近，是否会具有人畜共患潜力的毒株出现，需要进行有效的大规模监测。

（二）风险分析

1. 释放评估

目前，猪是唯一的已知宿主，不同年龄、性别和品系的家猪、野猪都可感染，感染后终身带毒。在急性感染期，可以通过多种途径（如粪、尿和精液等）排毒。另外，牛、绵羊、猫、豚鼠、小鼠、大鼠的血清中也存在该病病原的特异性抗体。

该病毒主要存在于猪的脏器组织内，猪肉内的含毒量可能会很低。猪细小病毒属于自主复制病毒，它能持续感染哺乳动物细胞系，在持续感染期间细胞系照常生长，但在某些理化因素的刺激下，病毒会持续感染以细胞为材料的生物制品生产，这是十分危险的，会带来意想不到的污染，每年给生物医药行业、养殖业、食品行业带来巨大的经济损失。

2. 后果评估

该病在世界各地呈广泛流行，因此其危害性受到普遍重视。

许多人用生物制品的生产需要各种动物源的器官、组织和细胞等生物材料，其中猪源性生物制品应用较为广泛，生物制品生产用猪被微生物污染，将对制品的生产及检定造成严重影响，已成为国际上普遍重视的问题。中国生物制品规程中对抗人淋巴细胞免疫球蛋白及抗乙型肝炎转移因子相关制造及规程明确规定，生产供体猪应检测猪瘟病毒、猪细小病毒、伪狂犬病病毒、口蹄疫病毒和乙型脑炎病毒污染。如系经疫苗免疫过的猪，应进行抗体检测，结果应为阴性。

目前尚无证据表明 PPV 可导致人体的临床及亚临床感染，但人体长期接触含 PPV 病毒蛋白及或核酸的生物制品是否会影响人体健康尚无系统研究，因此其对人体的危害值得关注。

五、流行性乙型脑炎

（一）疫病概况

流行性乙型脑炎（Epidemic Encephalitis type B），又称日本乙型脑炎，简称"乙脑"，是由乙型脑炎病毒感染引起的一种人畜共患蚊媒传染病。该病原体于 1934 年在日本首次被发现，于 1935 年从患有乙型脑炎死亡病人、死马的脑组织和蚊虫中分离到该病毒，首次确定了乙型脑炎的病原。我国于 1949 年在北京首次分离得到乙脑病毒，随后在我国其他地区也相继分离到该病毒。

流行性脑炎是一种自然疫源性疫病，许多动物感染后可成为该病的传染源，包括猪、马、牛、羊在内的大多数家畜，以及兔、鼠、犬、鸡、鸭、鸽子、野禽和爬行动物等都对该病易感。研究表明，人感染该病与该地区猪群感染该病有很强的关联性。猪是日本乙脑病毒最重要的自然增殖动物，在病毒集结中起重要作用。该病主要通过蚊子的叮咬在人和各类动物间传播，病毒能在多种蚊子（包括库蚊、伊蚊和按蚊）体内繁殖，并可越冬，经卵传递，成为次年感染动物的来源。由于该病经蚊虫传播，其流行与蚊虫的孳生及活动有密切关系，有明显的季节性。

流行性乙型脑炎是经蚊虫媒介传播的一种人畜共患病，可导致人和动物产生较为严重的神经系统病变和繁殖障碍性病症，对人类健康及畜牧业生产会造成较大的危害。根据《中华人民共和国传染病防治法》，将流行性乙型脑炎归入乙类传染病。我国农业农村部将该病列为二类动物传染病。该病也被世界卫生组织和世界动物卫生组织列入重点控制的传染病。

二、风险分析

1. 释放评估

流行性乙型脑炎是一种自然疫源性人畜共患传染病，包括猪、马、牛、羊在内的各类家畜和鸡、鸭及野禽等都是该病的易感动物。猪和马是该病最主要的传染源；蚊子是该病的传播媒介；猪等动物在感染病毒后，血液中病毒含量迅速增加，形成病毒血症，其后逐渐降低，最后多成为无症状带毒猪。

携带乙型脑炎病毒的蚊虫叮咬动物或人后，病毒随着蚊虫唾液进入皮下，先在局部毛细血管壁内皮细胞和淋巴结等处的细胞中增殖，随后少量病毒进入感染者，发展成为显性感染。感染后是否发病取决于入侵病毒的数量、病毒强度及机体的免疫状况。机体抗病能力强，病毒即被消灭，临床上不表现出症状，成为隐形的病毒携带者。机体的抵抗力低，病毒可能随着血液散布到肝脏、脾脏等组织细胞中继续繁殖。如果被感染者是抵抗力很低的幼儿、老人等，病毒就可通过血脑屏障进入脑组织内增殖，引起中枢神经系统的病变。病毒进入脑内，增殖达到一定数量时会造成脑损伤，表现出病症。

2. 后果评估

除马外，包括猪在内的大多数动物在感染该病后一般并不表现出明显的临床症状，且易感动物众多，因此该病一旦传入，很容易在畜群中传播蔓延，并且很难被根除，同时该病毒还极易通过蚊子叮咬而传染人，造成严重的公共卫生问题。

六、猪繁殖与呼吸综合征

(一) 疫病概况

猪繁殖与呼吸综合征（Porcine Reproductive and Respiratory Syndrome，PRRS）又称猪蓝耳病，是由猪繁殖与呼吸障碍综合征病毒（Porcine Reproductive and Respiratory Syndrome Virus，PRRSV）感染引起的以妊娠母猪流产和仔猪呼吸道症状为主的传染病。据报道，美国每年由 PRRSV 感染造成的经济损失约为 6.64 亿美元。我国有关 PRRSV 的报道最早见于 1996 年。PRRSV 具有两种基因型，在我国均有报道。

PRRSV 在世界范围内的猪群中广泛传播，自然宿主和易感动物为猪和野猪，未见从其他动物中分离出或检测出 PRRSV 的报道。感染 PRRSV 的猪的唾液、鼻腔分泌液、精液和乳汁等均带有 PRRSV，易感猪接触带有 PRRSV 的上述体液等可感染发病。除在猪群内进行水平传播，PRRSV 还可经过胎盘屏障垂直传播。未有该病发生的猪群突然发病，可能与引入病猪、用带有 PRRSV 的精液配种、蚊虫叮咬等有关。

该病最早于 1987 年发现于美国。1991 年，荷兰人 Wensvoot 等首次从发病仔猪和母猪体内分离到该病毒。随后德国、美国、英国等国家（地区）也分离到该病毒。目前，该病已遍及北美洲及欧洲，在全球范围内传播。郭宝清等（1996）首次从国内疑似 PRRSV 感染猪群中分离出病毒，从而证实了该病在我国的存在。该病传播速度快，尤其在技术进步和经济发达国家（地区），由于猪群密集、流动频繁，更易引发流行。在一个严重的流行期过后，此病常为地方流行性，长期危害养猪生产，会给养猪业造成巨大的经济损失。

（二）风险分析

1. 释放评估

通过胎盘、泌乳及精液传播疾病是垂直传播的主要方式。世界动物卫生组织法典中对 PRRS 安全商品的认定为：审批进口货物过境下列商品及任何由其制成的产品且不含其他猪组织，无论出口国家（地区）或生物安全隔离区的 PRRS 状态如何，兽医主管部门均不应要求任何与 PRRS 有关的条件，包括皮草、生皮和皮革制品，猪鬃，肉制品，肉骨粉，血液制品，肠衣，明胶。

从无 PRRS 国家（地区）或生物安全隔离区进口家养猪和圈养野猪的活体胚胎的，兽医主管部门应要求出示国际兽医证书，以证明供体母畜自出生之日起或采精前至少 3 个月被饲养在无 PRRS 国家（地区）或生物安全隔离区；且供体母畜在采集胚胎之日无 PRRS 临诊症状；同时，胚胎的采集、处理和储存以及生产胚胎使用的精液应符合相关规定。从 PRRSV 感染国家（地区）进口家养猪和圈养野猪活体胚胎的，兽医主管部门应要求出示国际兽医证书，以证明供体母畜在采集胚胎之日无 PRRS 临诊症状；且进行两次 PRRSV 感染的血清学检测，间隔时间不少于 21 天，结果呈阴性，第二次检测应在采集胚胎前 15 天内；且胚胎的采集、处理和储存，生产胚胎使用的精液均应符合相关规定。

2. 后果评估

目前我国养猪模式处于规模化养殖和散养并存向规模化养殖过度的状态。如果 PRRS 传入，可以造成流行，会对流行区的规模化养殖企业造成巨大的经济损失，影响我国畜牧业经济。控制和根除 PRRS 需要投入巨大的人力、物力和财力。

七、猪流感

（一）疫病概况

猪流行性感冒，简称猪流感（Swine Influenza，SI），是由猪流感病毒（Swine Influenza Virus，SIV）引起的一种高度接触性、急性、传染性群发性猪呼吸道疾病。SIV 毒属于正黏病毒科 A 型流感病毒属。临床以突发、高热、咳嗽、呼吸困难、反复发作、衰竭、高发病率、低死亡率为特征。以前被称为猪流感的新型致病病毒经世界卫生组织改名为 H1N1 甲型流感。目前，世界范围内已经从猪体内分离出 H1N1、H3N2、H1N2、H3N1、H2N3、H1N7、H5N7、H9N2、H4N6、H3N3、H6N6、H5N2 等亚型，其中广泛流行于猪群中的主要有古典猪 H1N1、类禽 H1N1 和类人 H3N2 流感毒株，所有亚型都可以引起甲型 H1N1 流感。

猪流感在任何季节都容易发生，在初春、秋末及寒冷天气较为多发，如果外界温度变化幅度比较大，出现气温骤降的情况，就容易发生猪流感。从传播途径来看，猪流感病毒主要通过猪与猪之间的接触，经由鼻咽进行传播，该病一般有 1~3 天的潜伏期。目前，猪流感已遍布美、欧、亚、非等世界各地。在世界各个国家（地区）都可以见到常见猪流感病毒亚型的存在和传播，养殖业为此承受的经济损失十分严重。

（二）风险分析

1. 释放评估

病猪和亚临床感染猪是主要传染源。该病毒可能通过猪的鼻子间的直接接触在感染猪和易感猪之间传播，还可以通过人员、交通工具、鸟和空气等途径传播，还未证实该病毒能够通过精液传播。猪流感病毒能被乙醚、氯仿、福尔马林、β-丙内酯等试剂灭活，经福尔马林灭活后，病毒失去血凝活性和感染性，56℃30 分钟可被灭活。

目前没有证实该病毒能够通过精液等遗传物质传播。对于未经加工的肉及肉制品、皮、毛、下脚料等动物产品，虽然存在传播该病毒的风险，但一般来说风险较低。对于经过高温处理或者经过酸、碱等工艺处理的产品，可以使病毒灭活，不存在感染活性，因此，该类产品的贸易不存在猪流感传入的风险。

2. 后果评估

该病主要引起猪的呼吸道疾病，与其他病混合感染时症状会比较重，但不会对养猪业造成巨大的经济损失。但猪流感病毒亚型多，引入一个新的病毒，在猪体内发生重组，会使疫情更加复杂。尤其猪流感重大的公共卫生意义，不允许该病传入。

我国研究人员发现了一种可能引发大流行的新型猪流感病毒——G4 猪流感病毒。G4 猪流感病毒是从 2009 年大流行的 H1N1 流感毒株演变而来的，具有高度传染性，可在人体细胞中复制。实验表明，人类暴露于季节性流感所获得的任何免疫力都不足以抵抗 G4 猪流感病毒。

第三节
鼠源性生物材料的生物安全风险

一、淋巴细胞脉络丛脑膜炎

（一）疫病概况

淋巴细胞性脉络丛脑膜炎（Lymphocytic Choriomeningitis，LCM）是由淋巴细胞性脉络丛脑膜炎病毒（Lymphocytic Choriomeningitis Virus，LCMV）引起的一种重要的人畜共患病，属沙粒病毒科、哺乳动物沙粒病毒属。Armstrong 等于 1933 年在路易斯城暴发的流行性脑膜炎样本中发现并分离到该病毒。LCMV 分为Ⅰ、Ⅱ、Ⅲ和Ⅳ型，Ⅰ、Ⅱ、Ⅲ型与人类严重疾病相关，Ⅳ型仅在动物中发现。LCMV 可通过乳汁、唾液、尿液、粪便或气溶胶传染给其他动物和人。人类感染 LCMV，轻者隐性或无症状，重者临床上多以流感样型、脑膜炎型发病。

LCMV 感染报道多见于欧洲、美洲，而亚洲报道较少。我国哈尔滨、北京、新疆报道过 LCMV 感染病例。

（二）风险分析

1. 释放评估

该病广泛分布于欧洲和美国，在世界其他地区也可能存在。随着实验动物饲养和管理水平的不断提高，近几年 LCMV 感染率在各地区都明显下降。北美地区小鼠 LCMV 的感染率约为 0.1%，欧洲地区约为 0.2%，日本在近五年都没有检出 LCMV 阳性，韩国和我国台湾地区的检出率也非常低。我国的国家标准中对除豚鼠和地鼠外的实验动物并没有要求必须检查 LCMV，但已有文献报道从大鼠中检出 LCMV 阳性。

实验动物被 LCMV 感染，主要有以下四个途径：第一，由于实验动物的饲料充足，环境适宜，很容易吸引野鼠，进而将 LCMV 带入；第二，经实验感染，如肿瘤移植手术，细胞株或实验器具被 LCMV 污染；第三，不同单位大量的交流动物或进出动物房人员太多；第四，运输过程中被感染。

带毒小鼠的所有器官中终身含有高滴度的病毒。通过唾液、尿、鼻腔分泌物向外排毒，含病毒的鼻分泌物可通过呼吸道传播。许多鼠成为不发病的隐性带毒者。小鼠、大鼠、豚鼠、仓鼠、棉田鼠、犬、猴、鸡、马和兔均是该病毒的易感动物。易感动物在我国广泛存在。2021 年全国实验用鼠需求量为 4982.34 万只。

我国每年从国外引进的不同品种和品系的啮齿动物数量巨大，存在着将病原携带入境并引起污染的可能性。

2. 后果评估

我国实验动物饲养和使用量巨大，许多品种和品系的啮齿动物非常珍贵。LCM 目前尚无疫苗可供使用，也无治疗办法，一旦传入我国，可能会造成很大的损失。另外，我国卫健委制定的《人间传染病的病原微生物名录》（2023 年），根据危害程度将 LCMV（嗜神经性的）划分为第二类，其他亲内脏性的 LCMV 划分为第三类，因此需要给予足够的关注。

二、鼠痘

（一）疫病概况

鼠痘（Ectromelia，ECT）由鼠痘病毒（Mouse Pox Virus，MPV）引

起，MPV 属于痘病毒科、正痘病毒属，是感染实验小鼠的一种烈性传染病病原。

ECT 的临床症状分为三种：急性感染的小鼠很快死亡；慢性感染的小鼠最早出现的可见病变位置通常在面部、鼻、足或腹部，均伴有溃疡性病灶，病鼠散在性连续性死亡，剖检死亡小鼠可见肝脏、肾脏的出血性坏死；脾脏肿大；淋巴结变大并时常伴有小肠出血。潜伏感染的小鼠不表现出临床症状，潜在的病毒可在应激条件下暴发。

目前 ECT 广泛存在于世界各地区，会严重影响实验小鼠的繁育生产、动物实验的顺利进行以及科研数据的准确性和可重复性。

（二）风险分析

1. 释放评估

ECT 在世界各地广泛存在。该病多呈暴发性流行，致死率较高，该病的传染源主要是病鼠和隐性带毒鼠，经皮肤病灶和粪尿向外排毒，污染周围环境。

不同品系小鼠的敏感性不同。C57BL/6、C57BL/10、AKR 小鼠不易感，感染后无临床症状；A、CBA、C3H、BALB/c、DBA/2 小鼠特别易感，感染后表现出临床症状，甚至死亡。该病一年四季均可发生，饲养管理不当及消毒、隔离、检疫制度不严均会促使该病发生。近年来，由于肿瘤的接种移植，可将鼠痘直接接种给实验小鼠。因此，该病的传入、发生的风险为"高"。

2. 后果评估

鼠痘没有治疗方法。一旦鼠群被感染，容易发生持续性感染、隐性感染，很难清除，只能淘汰整个鼠群，导致经济损失。

三、鼠仙台病毒感染症

（一）疫病概况

鼠仙台病毒感染症（Sendai）是由仙台病毒（Sendai Virus，SeV）引起的小鼠、大鼠及仓鼠等实验动物的一种呼吸道传染病。该病毒的主要特征是传播速度快、流行范围广，仔鼠、幼鼠表现为急性肺炎，成年鼠为隐性感染。

世界各地小鼠携带仙台病毒的现象非常普遍。病鼠和隐性感染鼠是主要传染源。该病毒主要通过直接接触和空气进行传播，由于传染性极强且容易扩散，是实验用鼠中最难控制的疫病之一。在自然条件下，该病毒可感染小鼠、大鼠、地鼠等动物，也可感染人类，并引起呼吸道疾病。

（二）风险分析

1. 释放评估

实验啮齿类动物是仙台病毒的自然宿主，自然条件下仙台病毒可感染小鼠、大鼠、仓鼠和豚鼠，不同品系小鼠对仙台病毒的易感性不同。1952年，仙台病毒首次在日本被分离到，继而世界其他地区都有报道。该病一年四季都可发生，但以春季多发，环境因素的突然变化会加重该病的发生和流行。该病的主要传播途径为空气传播和直接接触传播。该病毒对人类有一定的致病性，特别是幼儿易感，日本和我国都有过报道。

2. 后果评估

仙台病毒传染性极强且容易扩散，是实验用鼠最难控制的疫病之一。实验动物一旦感染该病毒，就难以清除，常呈隐性感染。

四、小鼠肝炎

（一）疫病概况

小鼠肝炎是由小鼠肝炎病毒（Mouse Hepatitis Virus，MHV）引起的一种传染病。MHV属于冠状病毒科、冠状病毒属，主要通过空气和接触传播，在自然界小鼠是唯一易感动物，但可经脑接种感染棉鼠、大鼠和仓鼠。

带毒小鼠分布于全世界，正常情况下呈隐性感染，临床表现为肝炎、脑炎和肠炎，能严重影响实验小鼠的质量和实验结果，是对实验小鼠危害最为严重的病毒病之一。

（二）风险分析

1. 释放评估

MHV呈世界性分布，无明显的季节性，对鼠群的危害极大，严重影响实验和生产。MHV的自然感染途径是经口和呼吸道感染，也可以通过母婴传播。传染源主要是感染小鼠的粪便或者垫料。

2. 后果评估

MHV 不仅是 GB 14922.2—2011、GB 14922.1—2001 中对清洁级小鼠和 SPF 小鼠要求的必须排除的项目，也是中国药典和世界卫生组织乙型脑炎减毒活疫苗制检规程中对应用于疫苗生产的仓鼠必须排除的项目。一旦引入的 SPF 存在小鼠肝炎，同群的实验小鼠均易感，且通常无临床症状。我国于 1979 年在裸鼠中发现小鼠肝炎，并分离到病毒。1982 年，经血清流行病学调查，发现我国普通小鼠群中小鼠肝炎的感染率为 20%~80%。

五、流行性出血热

（一）疫病概述

该病是由流行性出血热病毒（Epidemic Hemorrhagic Fever Virus，EHFV）引起的一种人畜共患的烈性传染病。该病在朝鲜被称为朝鲜出血热，在俄罗斯被称为出血性肾病肾炎。1982 年，世界卫生组织统一定名为肾综合征出血热（Hemorrhagic Fever with Renal Syndrome，HFRS）。我国仍沿用流行性出血热病名。大鼠等小型啮齿动物易感。此外，一些家畜，如家猫、家兔、狗、猪等也携带该病毒。以发热、出血倾向及肾脏损害为主要特征。

EHFV 分布在亚、欧、非、美洲的 32 个国家（地区），如亚洲的东部、北部和中部地区，包括日本（城市型及实验动物型均为大鼠型 EHFV 引起）、朝鲜（城市型、野鼠型、实验动物型）及我国（野鼠型、家鼠型、实验动物型）等。此外，美洲、非洲、西太平洋的一些国家（地区），曾从当地人血液及鼠类中查到流行性出血热的病毒和抗体，说明流行性出血热在世界上的分布相当广泛，其危害已成为全球性的公共卫生问题。

经病原学或血清学证实，近年来伴随家鼠型的出现，该病在我国迅速蔓延，并向大中城市、沿海港口扩散，流行性出血热已成为一个亟待解决的严重问题。

（二）风险分析

1. 释放评估

自然宿主主要为小型啮齿类动物，大鼠、小鼠、沙鼠、兔、人等为易感动物。实验动物感染主要是由于螨叮咬，带毒血尿污染伤口；人感染是由于接触带毒动物及其排泄物，或污染的尘埃飞扬形成气溶胶吸入引起感染。实验室大白鼠对流行性出血热病毒敏感。一旦感染，易在鼠群中传播并成为实验室工作人员感染该病的传染源。由实验大白鼠引起的 EHFV 实验室感染在韩国、日本和我国屡有发生，这类情况还有再次发生的可能性。我国每年从国外引进的不同品种和品系的实验大鼠数量巨大，存在将病原携带入境的可能性。

2. 后果评估

我国实验动物饲养和使用量巨大，许多品种和品系的动物非常珍贵。鼠流行性出血热目前尚无有效的治疗办法，一旦传入实验动物，可能会造成很大的损失，也会给实验人员的健康造成巨大威胁，需要给予关注。

第四节
猴源性生物材料的生物安全风险

一、猴 B 病毒

（一）疫病概述

猴 B 病毒（Monkey B Virus，MBV）又称猴疱疹病毒 I 型，属于疱疹病毒科、单纯疱疹病毒属。MBV 主要存在于亚洲，尤其是印度系猕猴属，如恒河猴、食蟹猴、豚尾猴、台湾猴、日本猕猴、僧帽猴、短尾猴等，染病动物黏液、皮肤、口腔、生殖道分泌物均可传染给其他动物。母猴垂直传播给仔猴的概率极低。至今已有 40 多例人感染 MBV 的报道，2/3 集中在美国，其余分布在英国及加拿大。

（二）风险评估

1. 释放评估

非人灵长类动物在生物医学研究中的应用越来越广泛，其对工作人员的健康及对试验研究的影响也日益受到重视。MBV 广泛存在，多呈良性经过，却对人类健康有很大的威胁，感染后可导致脑脊髓炎，病死率高达80%，是从猴传染到人的唯一致命的 α 疱疹病毒。

MBV 在猴间通过口腔、眼睛或生殖道的黏膜或破损的皮肤水平传播，也可通过母猴喂乳传染给小猴。美国国立卫生研究院的研究资源中心从1990 年开始通过对小猴提前断乳等方法，建立人工饲养的无 MBV 感染的猴群，严格的追踪观察结果显示，获得和维持无 MBV 感染猴群是可行的，所以从 MBV 流行国家（地区）进口精液和胚胎的风险可以忽略。

2. 后果评估

虽然该病的致病性不像其他烈性传染病一样大，但 MBV 的自然宿主是通常作为实验动物模型或是观赏用的猕猴属动物，感染上 MBV 后动物的经济价值会大打折扣；同时 MBV 感染猴被认为终身携带病毒，并可以在体内激素变化下隐性传播病毒，对人类有较高的致病性和致死率。

二、猴免疫缺陷病毒

（一）疫病概述

猴免疫缺陷病毒（Simian lmmunodeficieney Virus，SIV）是非人灵长类动物获得性免疫缺陷综合征（SAIDS）的主要病原。该病毒主要侵犯和破坏免疫细胞，使机体细胞免疫功能受损，最终引起以机体免疫系统丧失并发机会性感染为特征的高致病性动物传染病。

1983 年，美国几个灵长类动物中心的亚洲恒河猴中发生多起以慢性消瘦、贫血，最终免疫系统衰竭继发严重感染为特征的传染病，因与人艾滋病症相似，故称为猴艾滋病。1985 年的血清学检测结果表明，患病猴血清与 HIV-1 存在交叉反应，由此推测恒河猴可能是感染了与 HIV-1 相关的 T 淋巴细胞嗜性反转录病毒，随后在艾滋病患病猴中分离到一种能致免疫缺陷的反转录病毒。此种病毒与当时被称为 HTLV-Ⅲ型（人 T 淋巴细胞嗜性病毒Ⅲ型，即 HIV）的性质相似，故被命名为 STLV-Ⅲ型（猴 T 淋巴细胞嗜性病毒Ⅲ型）。1986 年 HTLV-Ⅲ被统一正名为 HIV，STLV-Ⅲ被更名为 SIV（猴免疫缺陷病毒）。SIV 的自然宿主是非洲绿猴、黑猩猩、大猩猩等非人灵长类动物，此类动物感染 SIV 后不发病。对非洲各地的野生绿猴和动物中心饲养群中的非洲绿猴，以及其他猴种进行 SIV 特异性抗体检测，结果发现，在非洲不同区域捕捉的绿猴中，20%～70%抗体呈阳性；SIV 分布遍及埃塞俄比亚以南的非洲东部和塞内加尔以南的非洲西部；且野生绿猴的血清抗体阳性率高于饲养群中的同种绿猴；与绿猴在种属上密切相关的猴种，如白脸猴、戴安娜长尾猴和白腹长尾猴，也都带有受到在血清学上与 SIV 相关的病毒感染的抗体，狒狒血清抗体呈阴性。至今未发现亚洲野生的灵长类动物自然感染 SIV 的报道，SIV 可通过人工感染实验或意外感染事件感染亚洲恒河猴并导致严重的艾滋病。

（二）风险评估

1. 释放评估

受 SIV 感染的非人灵长类动物是主要传染源，有的受感染的猴不表现出临床症状，是潜在的危险传染源，对我国恒河猴（猕猴、食蟹猴）有极强的感染性和致病性，能引起猴免疫缺陷综合征。该类传染病可通过性接触、母婴、血液等方式在猴群中传播。由于我国灵长类实验动物以圈养、笼养方式为主，动物密度较大，此类传染病传播更加迅速。

2. 后果评估

我国恒河猴是 SIV 易感动物，染毒后发病率高，最终发展成艾滋病，死亡率在 90% 以上。此外，我国为 SIV 非疫区，如果不慎引入该病毒并在我国国内流行，不仅会严重破坏我国境内野生和养殖猴群的健康，对我国实验动物国际声誉也是巨大的打击。SIV 能严重地破坏猴免疫系统，SIV 感染的实验猴免疫系统不正常，不能进行生物学和免疫学等方面的研究，会极大地降低实验猴的应用价值。

三、马尔堡出血热

（一）疫病概述

马尔堡出血热（Marburg Hemorrhagic Fever，MHF）是由马尔堡病毒（Marburg Virus，MbV）引起的以急性发热伴有严重出血为主要临床表现的传染性疾病，经密切接触传播，传染性强，病死率高。马尔堡病毒来自非洲绿猴并主要在非洲流行，因此马尔堡出血热又被称为青猴病和非洲出血热。目前没有任何疫苗和特效治疗方法，病死率为 23%～90%。

马尔堡病毒也称马堡病毒、绿猴病毒，1967 年首次发现于德国马尔堡地区，根据发病地点，将其命名为马尔堡病毒。马尔堡病毒是人类发现的第一种丝状病毒属病毒，能在人和其他灵长类动物中引发高死亡率的出血热，可被用作潜在的生物恐怖武器或生物战剂，为需要实行最高级生物安全防护（P4级）的烈性病毒。马尔堡病毒为 RNA 病毒，病毒颗粒直径为75~80 纳米，长度为 130~2600 纳米，该病毒编码有 7 种病毒蛋白，可在多种组织细胞中培养。病毒在 60℃条件下 1 小时感染性丧失，−70℃可以长期保存。一定剂量的紫外线、γ 射线、脂溶剂、p-丙内酯、次氯酸、酚类等均可破坏病毒的感染性。在所有病毒性出血热中，丝状病毒引发的出血热症状最严重，病死率较高。

但马尔堡出血热的自然流行至今仅局限于非洲地区，无明显的季节性。1967—2007 年间，在德国、肯尼亚、刚果（金）、安哥拉、乌干达等，共发生过 7 次马尔堡出血热疫情，至少有 467 例病人，其中 371 例死亡。最严重的一次疫情于 2004—2005 年发生在安哥拉，累计报告病例 374 例，其中死亡 329 例。马尔堡出血热疫情于 2007 年 7—10 月发生在乌干达，在同一个矿区先后有 3 人感染马尔堡病毒，其中 1 人死亡。

（二）风险评估

1. 释放评估

可能传播该病的风险因素包括感染的病人、感染的灵长类动物（恒河猴、食蟹猴、日本猕猴、红尾猴、短尾猴、西藏猴、猩猩等）。受感染的动物和人是主要传染源。人感染后可成为重要的传染源，症状越重，传染性越强。潜伏期的传染性弱。马尔堡病毒的自然宿主，一般认为可能是非洲的野生灵长类动物，主要是猴类易受感染，几乎所有受感染的猴子都会在短时间内迅速死亡。2007 年 8 月，美国和加蓬两国科学家共同研究的结果显示，活动范围遍布整个撒哈拉以南非洲地区的一种常见果蝠可能是导致非洲一些地区暴发马尔堡出血热的"元凶"。两国科学家认为，通过加强上述对果蝠的控制，也许可以更有效地防控马尔堡出血热。

2. 后果评估

马尔堡出血热为烈性传染病，灵长类动物感染后死亡率高，传染性强，动物与人之间、动物间、人与人之间均可传播。有马尔堡出血热的国家（地区）出口动物时，往往要接受进口国（地区）提出的严格的检疫要求，为此需花费大量的检疫费用，而且各国（地区）使用的检测方法和试剂不尽相同，存在阳性检出率的差异，容易引起贸易争端。该病为外来病，国内还没有发生该病的报道。我国《人间传染病的病原微生物名录》（2023 年）将其列为一类传染病，一旦传入国内，将直接威胁人和灵长类动物的安全。

四、猴 T 细胞趋向性病毒 1 型感染症

（一）疫病概述

猴 T 细胞趋向性病毒 1 型感染症（Simian T Lymphotropic Virus Type 1 Infectious Diseases）是非人灵长类动物获得性免疫缺陷综合征（SAIDS）的病原之一。猴 T 细胞趋向性病毒（STLV）主要侵害猴的免疫系统，引起免疫器官的病变或免疫机能紊乱，最终引起以机体免疫系统丧失并发机会性感染和肿瘤为特征的高致病性动物传染病。

1982 年，Miyoshi 在日本猴中首先发现与人的 HTLV-1 相似的 C 型病毒，将其命名为 STLV-1。STLV-1 在传染的地理分布和地方性流行病概况方面，与 SIV 和 SRV 也有相关性。自 1982 年日本首先发现 STLV-1 以来，对世界各地灵长类动物血清抗体的调查表明，在来源于非洲和亚洲的十余种旧大陆猴和两种类人猿中都查出 STLV-1 抗体阳性猴。在亚洲的猕猴中有较高的 STLV-1 抗体阳性率，其中恒河猴为 20.4%。我国学者对我国恒河猴的血清学调查显示，STLV-1 抗体阳性率为 2.35%~9.6%。我国对恒河猴的 STLV-1 流行病学特征调查发现，我国野生和饲养恒河猴血清中广泛存在 STLV-1 抗体，并且猴群 STLV-1 的平均感染率为 4.97%，食蟹猴比恒河猴更容易感染 STLV-1。

（二）风险分析

1. 释放评估

受 STLV-1 感染的非人灵长类动物是主要传染源，在我国感染的主要对象是猕猴，能引起猴艾滋病。该类传染病通过性接触、母婴、血液传播，潜伏期长，潜伏期内不表现出临床症状，不易察觉，其间有较强的传染力。我国灵长类实验动物以圈养、笼养方式为主，动物密度较大，导致此类传染病传播更加迅速。

2. 后果评估

我国猕猴、食蟹猴是 STLV-1 易感动物，该病通过接触性传播，可在

一定范围内流行。灵长类动物感染后表现为免疫系统缺陷、白血病、肿瘤，病程长。STLV-1 能严重地破坏猴免疫系统，染毒实验猴免疫系统不正常，不能进行生物学和免疫学等方面的研究，会极大地降低实验猴的应用价值。

五、猴结核病

（一）疫病概述

猴结核病是由结核分枝杆菌引起的，以在猴的多种组织器官中形成结核结节性肉芽肿和干酪样、钙化结节病灶为特征的一种人畜共患慢性传染病。

结核病患者是该病的传染源，包括结核病人，特别是向体外排菌的开放性结核病动物。非人类灵长目动物患牛型及人型结核病能产生广泛性的病灶，包括肺部实质及肺外的组织。美洲猴结核病较欧洲猴发病率低，这说明美洲猴不易感，同时进行实验性接触也不易感，但动物接种细菌后能引起发病。松鼠猴、夜猴、蛛猴、悬猴属都曾被报道过类似情况。野生灵长目动物发病率很低，甚至不发病，但将捕获的灵长目置于患结核病的人或其他灵长目动物群中，也能感染结核病。

结核病的传播途径主要是呼吸道和消化道感染，呼吸道感染比较常见，易引起肺和支气管淋巴结病变，疾病通过患病动物咳嗽，借含结核杆菌的飞沫及气溶胶传播。健康动物亦可经患病动物排出的结核病菌，通过其尿液、粪便及分泌物污染饲料及水源而感染。在动物和人中，拥挤的环境，尤其在动物园等游乐场所，对传播和散布结核病有利。

（二）风险分析

1. 释放评估

处于潜伏期或患病的猴是重要的传染源。疾病通过患病动物咳嗽以借含结核杆菌的飞沫及气溶胶传播。患病动物排出的结核病菌通过其尿液、粪便及分泌物污染饲料及水源，可引起健康动物感染。结核杆菌富含脂类，在外界环境中生存力较强，对酸、碱及干燥的抵抗力强，对热抵抗力差，60℃30分钟即死亡，常用消毒药约 4 小时方可将其杀死，而在 70% 酒精或 10% 漂白粉中会很快死亡。进境猴需严格检疫结核病。

没有关于精液传播病原的研究。患有结核病的母猴在怀孕期间，其体内的结核杆菌可通过脐带血液进入胎儿体内，胎儿也可因咽下或吸入含有结核杆菌的羊水而感染，从而患上先天性结核病。

2. 后果评估

猴结核病多为动物感染疾病，人也可以被患病的猴所感染，而猴通常会被用作动物园的观赏动物，接触的人群范围非常广，所以此病的公共卫生意义非常大，它可能产生的负面影响包括患病猴死亡、饲养人员被传染、其他野生动物被传染。

六、猴麻疹

（一）疫病概述

猴麻疹是由麻疹病毒引起的猴类急性呼吸道传染病之一，传染性很强，群养猴中发病率在 90% 以上。临床症状表现为发热、上呼吸道炎症、眼结膜炎等，而以皮肤出现红色斑丘疹和颊黏膜上有麻疹黏膜斑，及疹退后遗留色素沉着伴糠麸样脱屑为显著特征。

麻疹曾是世界性传染病，我国自 1965 年普种麻疹减毒活疫苗后已控制了大流行。后由于麻疹疫苗的广泛使用，该疫病得到了很好的控制。再之后由于放松了对麻疹的警惕，欧洲一些工业化国家疫苗接种率下降，麻疹发病率有所上升，其中英国、罗马尼亚、德国、瑞典、意大利发病率较高。英国在宣布根除麻疹 14 年后，于 2008 年开始报道国内麻疹地方性流行。

（二）风险分析

1. 释放评估

麻疹感染的非人灵长类动物和人是主要传染源，发病期传染性很强，潜伏期和前驱期也有传染性，麻疹病毒对我国恒河猴（猕猴、食蟹猴）有极强的感染性和致病性。该类传染病主要通过空气传播。由于我国灵长类实验动物以圈养、笼养方式为主，动物密度较大，此类传染病传播迅速，破坏力大。

2. 后果评估

我国近几年来实验猴养殖发展速度很快，如果麻疹随进境商品传入并传播到猴群，其可能产生的负面影响包括：猴群发生麻疹疫情，甚至引起地方性流行，婴幼猴大量死亡，严重制约实验猴养殖业的发展；猴场工作人员甚至其家人受到麻疹疫情的威胁；实验猴的出口受到负面的影响。

八、猴逆转录 D 型病毒

（一）疫病概况

猴逆转录 D 型病毒（Simian Recrovirus D，SRV/D）是非人灵长类动物获得性免疫缺陷综合征（SAIDS）的病原之一。该病毒主要侵犯和破坏免疫细胞，使机体细胞免疫功能受损，最终引起以机体免疫系统丧失并发机会性感染和孕猴早产、死产为特征的高致病性动物传染病。

20 世纪 80 年代，SRV/D-1 型发现于美国俄勒冈灵长类研究中心，SRV/D-2 型于 20 世纪 80 年代初在豚尾猴、短尾猴、日本猴及恒河猴身上发现，SRV/D-3 型在 1970 年分离于雄性恒河猴的自发性乳腺癌组织，SRV/D-4 型由美国加州大学伯克利分校分离得到，SRV/D-5 型分离于中国的恒河猴，SRV/D-6 型分离于印度自然感染的野生长尾猴，SRV/D-7 型分离于印度自然感染的恒河猴。SRV/D 地理分布广泛，中国、印度、日本、美国、英国和非洲都有病例报道。SRV/D-1，3，5 主要在亚洲和印度的恒河猴中流行。

（二）风险分析

1. 释放评估

SRV/D 感染的非人灵长类动物是主要传染源，部分受感染的猴不表现出临床症状，是潜在的危险传染源，对我国猕猴、食蟹猴都有极强的感染性和致病性，能引起猴免疫缺陷综合征、早产或死产。该类传染病可通过性接触、母婴、血液等方式在猴群中传播。我国灵长类实验动物以圈养、笼养方式为主，动物密度较大，所以此类传染病传播更加迅速。

2. 后果评估

我国猕猴、食蟹猴是 SRV/D 易感动物。该病通过接触性传播，可在一定范围内流行。灵长类动物感染后表现为免疫系统缺陷、白血病、肿瘤、早产或死产。SRV/D 能严重地破坏猴免疫系统，染毒实验猴免疫系统不正常，不能进行生物学和免疫学等方面的研究，极大地降低了实验猴的应用价值。

第五节
其他动物源性生物材料的生物安全风险

◇

一、兔病毒性出血症

（一）疫病概况

兔病毒性出血症（Rabbit Viral Hemorrhagic Disease，RHD）是由杯状病毒（calicivirus）引起欧洲兔（Oryctolagus cuniculus）的一种高度接触传染性致死性疾病。RHD 具有很高的发病率和死亡率（40%～90%），而且会以直接或间接的传播方式流行，可以通过鼻、眼结膜和肠道等途径感染。该病毒在环境中存活力极其稳定。感染动物的潜伏期一般在 1～3 天，在高热条件下 12～36 小时后出现死亡。临床症状表现为急性感染（神经和呼吸症状，冷战和厌食）；病理解剖和组织学观察均可见明显的特征性病理变化，最严重的病变出现在肝、气管和肺部等脏器，主要为肝脏坏死和所有的器官及组织可见严重的弥漫性血管内凝血，几乎所有的器官均出现血斑并伴有血液凝固不良现象。该病常呈暴发流行，发病率及病死率极高，给世界养兔业带来了巨大危害，世界动物卫生组织将其列为需要报告的动物疫病，我国农业部门也将其列为二类动物疫病。

1984 年春季，杜念兴、徐为燕等在我国江苏省无锡市首次发现该病，不久该病迅速蔓延至全国，7 个月内约 47 万只家兔死于该病。1988 年，欧洲及墨西哥也报道有该病发生。之后，亚洲的韩国、朝鲜、黎巴嫩和印度，美洲的古巴，非洲的利比亚、喀麦隆、扎伊尔、突尼斯等，以及欧洲的捷克、西班牙、波兰、希腊、意大利、瑞士、英国、拉脱维亚、瑞典、葡萄牙、斯洛文尼亚、卢森堡、荷兰、挪威、德国、法国、丹麦、比利时、奥地利等均有发生。2000—2001 年，美国三个不同地区相继暴发该病。2004 年年末，乌拉圭也报道了该病的发生。2005 年，美国再次暴发该病。现在该病在世界部分地区仍然呈流行态势。

（二）风险分析

1. 释放评估

RHD 病毒在病兔或病死兔所有的组织器官、肌肉、皮毛、体液、分泌物和排泄物中存在。按照国际动物卫生法典中的规定，对于无 RHD 报道的国家（地区），该国（地区）兽医管理部门有权决定禁止有 RHD 的国家（地区）的活兔、精液、肉制品以及未经加工处理的动物皮毛进境或过境。

2. 后果评估

该病潜伏期短，病程长，呈暴发流行，发生后兔的死亡率非常高。在欧洲、美洲等地有该病流行的兔群。由于该病导致的损失很大，在控制和扑灭的过程中，血清学检测要消耗大量的人力和物力，扑灭阳性兔会造成大量的经济损失。该病尚无特效疗法。该病传播很快，曾经在我国造成了很大的损失，不仅仅对养兔业造成了巨大的经济损失，而且严重威胁濒临灭绝的野兔品种。如果传入流行，会使疫情更加严重和复杂。

二、犬传染性肝炎

（一）疫病概况

犬传染性肝炎（Infectious Canine Hepatitis，ICH）是由犬腺病毒 1 型（CAV-1）引起的一种急性败血性传染。主要发生于犬，也可见于狼、土狼和熊等动物，其他食肉动物也可感染，但无临床症状。在犬主要表现为肝炎和眼睛疾患，在狐狸则表现为脑炎。犬腺病毒 2 型（CAV-2）主要引起犬的呼吸道疾病和幼犬肠炎。现在在例行免疫的地区，该病已不常见。

犬腺病毒（CAV）是已发现的哺乳动物腺病毒属中致病性最强的病毒。

1984 年，夏成柱等在我国首次分离到犬传染性肝炎病毒，证实了我国犬中也有犬腺病毒 1 型的感染。1989 年，钟志宏等从患脑炎的狐狸中分离到了犬腺病毒 1 型。随后，哈尔滨、北京、上海、昆明等地相继分离到该病毒。

2002—2006 年在意大利发生 4 起犬传染性肝炎，其中 3 起发生于南部的动物收容所，一起发生于从匈牙利引进的纯种幼犬。用 PCR 检测均为犬腺病毒 1 型。其中 3 次同时检测到其他病原，如犬瘟热病毒、犬细小病毒和犬冠状病毒。

2004—2009 年，卢银旺对甘肃省犬窝咳进行流行病学调查，在 568 只犬中检测到犬腺病毒 2 型阳性 86 只，阳性率为 15.14%。

（二）风险分析

1. 释放评估

犬腺病毒 1 型除了能感染狐狸和狗外，还能感染狼、貉、山狗、黑熊、负鼠和臭鼬，宿主广泛。外表健康的康复犬，尿液排毒可达 180~270 天，是造成其他犬感染的重要疫源。一旦暴发，疫情将持续很长时间。我国十几个省市均发现过犬腺病毒感染的确诊病例，再发的可能性相当高，因此该病的传入对我国仍有巨大的负面影响。

2. 后果评估

农业农村部将犬传染性肝炎列为三类动物疫病。该病传入后，会对伴侣动物和野生动物健康有一定影响，对生态环境有长期负面影响，且不易在短期内控制。

第三章

进境生物材料生物安全的风险管理措施

第一节
进境生物材料风险管理的历史沿革

―――――◇―――――

一、四级风险管理的由来

1992 年 4 月 1 日，《中华人民共和国进出境动植物检疫法》颁布实施，该法把"生物材料"基本归结为两类：一类是动植物病原体（包括菌种、毒种）、害虫及其他有害生物；另一类是其他检疫物，主要包括动物疫苗、血清、诊断液、动植物性废弃物等。随着生物产业的发展，监管认知和水平的不断提高，海关对生物材料的检疫监管模式日趋完善。2011 年，我国下发《关于做好进境动物源性生物材料及制品检验检疫工作的通知》（国质检动函〔2011〕2 号），对进境动物源性生物材料及制品按以下四级实施风险管理。

（一）一级风险产品

一级风险产品包括科研用动物病原微生物、寄生虫及相关病料（包括病原微生物具有感染性的完整或基因修饰的 DNA/RNA）和来自动物疫病流行国家/地区相关动物组织、器官/血液及其制品。

进口一级风险产品，申请单位应向所在地直属检验检疫局（以下简称直属局）提交办理进境动植物特许检疫审批手续的书面申请，申请材料应说明进口的数量、用途、使用或存放单位和进境后的防疫措施等，经直属局初审合格后书面提交总局批准。进境时应随附输出国家/地区官方主管部门出具的卫生证书，入境后有关检验检疫机构应对存放、使用单位实施检疫监督。

科研用途进口的，申请材料应包括部级或部级以上单位出具的有效科研用途的证明材料和有关检验检疫机构出具的存放、使用单位考核报告等。进口《动物病原微生物分类名录》（2005 年农业部令 53 号）中第一、二类动物病原微生物的，还应提供《高致病性动物病原微生物实验室资格证书》和从事高致病性动物病原微生物实验活动的批准文件。

兽用疫苗注册有关用途进口的，申请材料应包括农业部指定的菌种保藏中心的同意接受函。

国内实验室参加国际性对比试验进口的，应提供上级主管部门批准参加对比试验的文件并应按照有关规定具备相应的生物安全资质。世界动物卫生组织（OIE）参考实验室检测、科研用途进口的，申请单位提供 OIE 资质认定证明和情况说明后，直属局应通过电子审批系统尽快报总局予以核批。

（二）二级风险产品

二级风险产品包括来自疯牛病、痒病国家（地区）含微量牛、羊血清（蛋白）成分的体外诊断试剂，来自非动物疫病流行国家/地区的动物（不含 SPF 级别及以上实验动物）器官/组织、血液及其制品、细胞及其分泌物、提取物等。

进口二级风险产品，申请单位应按照国内有关部门的规定取得相应的证明、批准文件并通过电子审批系统办理进境动植物检疫审批，进境时应随附输出国家/地区官方主管部门出具的卫生证书，有关主管部门应对存放、使用单位实施检疫监督。

附有《医疗器械注册证》和《医疗器械经营企业许可证》的进口疯牛病、痒病国家人用含微量牛、羊血清（蛋白）成分的体外诊断试剂，可以不要求输出国家/地区出具卫生证书。

（三）三级风险产品

三级风险产品包括兽用疫苗，来自无相关动物疫病国家/地区的含动物源性成分的培养基、诊断试剂，实验动物（SPF 级别及以上的鼠、兔、犬、猴等）的器官/组织、血液及其制品、细胞及其分泌物、提取物等。

进口三级风险产品，不需要办理进境动植物检疫审批，进境时应随附输出国家/地区官方主管部门出具的卫生证书。产品进境申报时，进口兽用疫苗应提供按照国内有关部门规定取得的《进口兽药注册证书》《兽用生物制品进口许可证》等批准文件。进口含动物源性成分培养基、实验动物的器官/组织、血液及其制品、细胞及其分泌物、提取物的，需提供详细的品种、内容物组成、动物源性成分来源、产地和有效实验动物等级证明等材料。

（四）四级风险产品

四级风险产品包括经化学变性处理的动物组织/器官切片，动物干扰素、动物激素、动物毒素、动物酶、单（多）克隆抗体，《动物病原微生物分类名录》（2005 年 5 月 24 日农业部令第 53 号）外的微生物，非致病性微生物的 DNA/RNA、质粒、噬菌体等遗传物质和基因修饰生物体。

进口四级风险产品，不需办理进境动植物检疫审批和随附输出国家/地区官方主管部门出具的卫生证书。进境申报时进口单位应提供产品加工工艺和相关证明，进口存放、使用单位的产品安全承诺和国外生产、制作单位的安全声明。

该管理模式是我国进境生物材料风险分级管理的最初探索，迈出了我国对进境生物材料检疫监管与国际接轨的一大步，开创了科学监管、精准监管的新一代监管体系。当前无论是上海自贸试验区改革措施，还是北京中关村"简免放助"模式，以及《质检总局关于推广京津冀沪进境生物材料监管试点经验及开展新一轮试点的公告》（2017 年第 94 号）中的最新创新监管措施，无一不是以此为基础的改革和创新。国质检动函〔2011〕2 号文在进境生物材料检疫监管领域具有划时代意义。

二、上海自由贸易试验区创新改革历程

以上海自由贸易试验区建设为契机，由国家主管部门授权，在基本框架制度下自主探索，开展动植物领域有关生物材料检验检疫的管理创新，概括起来是一大特点、三个方面和十项举措。

一大特点。科学整合内部管理措施，将生物材料及制品进出口相关的动植物检疫、卫生检疫和商品检验措施在直属机构操作层面进行科学整合，形成合力，促进生物医药行业健康发展。

三个方面。科学转变管理思路，打破原先内部条框。具体到三个方面，就是"转变行政职能，破解共性瓶颈""创新监管模式，优化通关环境"和"事中事后监管，筑牢安全底线"。

十项举措。具体包括全面复制推广自贸区政策、实施分类管理和推进行政并联审批；大力推进通关作业无纸化、口岸通关协作、创新查验模式和第三方检验结果采信；进一步提高监管透明度、强化企业主体责任和简

化出口管理要求。十项举措中既有政策利好的自贸区扩围、整合归并相关审批举措，也有口岸创新查验模式、第三方检验结果采信，更有内部优化的无纸化通关、透明化监管措施，当然必须有强化企业主体责任，确保安全底线的措施兜底。

（一）改革举措

1. 前自贸区时期的检验检疫改革

2006 年，我国发布《支持上海浦东新区综合配套改革试点的意见》，提出以张江功能区为试点，简化研发及测试用材料和设备审批改革试点办法，实施快速通关的意见。上海对进境生物材料检验检疫的改革探索始于 2007 年，在国家主管部门、浦东新区人民政府的支持和指导下，在广大生物医药企业的积极配合下，逐渐摸索出了一条适应产业发展、满足企业需求的改革道路。2008 年，我国下发《关于同意上海浦东新区张江高科技园区进口生物材料检验检疫改革试点的批复》，提出减少检疫审批时间、简化检疫审批环节、简化检疫审批材料、实施分批核销、取消部分生物材料的检疫审批等指导意见。上海主管单位按照上级要求，精心安排、周密组织，逐步展开试点工作，从 2009 年到 2010 年，先后有 21 家企业通过考核获得试点企业的资格。试点工作以事前备案、优化审批、强化监管、确保安全为原则，在保证生物安全的前提下，努力提高生物医药研发企业进口生物材料的通关效率，增强上海口岸生物医药发展的国际竞争力。2011 年，我国下发文件，对进境动物源性生物材料及制品在风险评估的基础上实施分级管理。同年，上海也开展进境生物材料风险评估、分类管理的课题研究，建立了进境生物材料的综合防控体系。2012 年，上海按照上级要求，制定了全新的《浦东新区研发示范企业进境生物材料检验检疫管理办法》，并启动浦东新区进境生物材料研发示范企业备案工作，标志着进境生物材料检验检疫改革试点的升级和推广。当时，获得浦东新区进境生物材料研发示范企业资格的共有 29 家单位。

2. 自贸区时期的改革

一是全面推行进境生物材料检验检疫分类管理制度。在风险分析的基础上，对自贸区进出境生物材料实施风险分级、分类管理，根据风险水平确定相应监管模式，提高通关效率。

二是科学调整进境生物材料检验检疫准入制度。在风险评估和采取安全保障措施的前提下，允许部分未经准入的生物材料经自贸区过境、国际中转或在自贸区内存放、使用（国家明令禁止进境的动植物及其产品除外）。

三是改革进境生物材料检疫审批制度。实施检疫审批负面清单制度，授权上海办理负面清单以外已获我国准入的进境（过境）动植物及其产品的检疫审批。将检疫审批时限缩短为 7 个工作日，需国家主管部门审批的，要在受理后 3 个工作日内上报；检疫许可证有效期延长为 12 个月；实施一次审批，分批核销。

四是创新进出境生物材料检验检疫查验模式。对经风险评估确定为低风险的进境深加工动植物产品，适度简化查验程序并免于核查输出国家（地区）的检疫证书。对除活动物以外的国际中转快件，免于核查输出国家（地区）的检疫证书。在风险分析的基础上，对进出口动植物产品安全卫生项目实施抽查检验，对一般品质检验项目不再实施强制检验。

五是改革出境生物材料检验检疫注册登记制度。输入国家（地区）没有注册登记要求的，不再对出境生物材料检验检疫的生产、加工、存放企业实施注册登记。

三、北京中关村创新改革历程

由我国相关主管部门主导顶层设计并部署实施。面对产业发展的迫切需求，着力开展了"调研—评估—试点—推广"四步走的积极改革：第一步，深入业界内部，通过实地调研及面对面座谈，充分了解产业发展的主要困难和诉求；第二步，开展针对性风险评估；第三步，根据风险评估结果，制定专项改革措施并试行；第四步，总结试点成果和经验，将优秀做法固化推广。在中关村改革试点运行过程中，以助推中关村创新驱动发展为核心，深入企业调研，与产业内知名人士座谈交流达几十次，充分了解产业发展急需产品和进出口瓶颈，积极打造了京津冀地区进境动植物生物材料检验检疫改革试点。

（一）改革举措

1. 北京中关村进境动植物生物材料检验检疫改革措施——一期工程

2011 年 1 月 5 日，我国下发《关于做好进境动物源性生物材料及制品检验检疫工作的通知》，对进口生物实验材料进行了四级风险划分，取消了大多数种类生物实验材料的进口审批，使诊断试剂、兽用疫苗、培养基、抗体类等大宗进口产品的进口效率明显提高。

2012年3月27日，我国下发《关于对进境动物源性生物材料及制品进行电子化检疫审批的通知》，对一级风险产品取消了特许审批手续，实现所有进口生物实验材料电子审批模式。

2013年12月25日，我国下发《质检总局关于在北京中关村开展进境动植物生物材料检验检疫改革试点有关意见的批复》，提出分级授权审批、缩短审批时间、延长许可证有效期、调整动物细胞系风险级别、允许SPF鼠边隔离边实验5项改革措施。

2. 京津冀进境动植物生物材料深化改革措施——二期工程

2015年6月4日，我国下发《质检总局关于深化京津冀地区进境动植物源性生物材料检验检疫监管改革的通知》，在京津冀地区全面推广中关村试点经验，出台诊断试剂分级分类管理、规范进口实验鼠及其遗传物质检疫要求等改革新举措，形成监管统一、结果互认、进口直通为保障的"5+2"新模式。

3. 直属层面优化工作流程，确保政策落地生根

试点政策下发后，相关直属机构以"三减两免一提速"（减少审批项目、简化审批流程、减免审批手续、免于提供相关手续、提升通关速度）为改革目标，运用"四个坚持"改革措施（坚持控制风险、坚持制度先行、坚持优惠定施、坚持平台建设），确保了改革目标的顺利实现，基本形成了"简免放助"创新改革模式。

一是简，切实履行简政放权。充分释放简政放权改革政策，简化审批手续、缩减审批时限，对来源于40多个国家（地区）24大类动植物生物材料开展授权审批，审批由2级6个环节缩减为1级2个环节，时限由20个工作日缩短为3个工作日，许可证有效期延长至12个月，并准许核销。

二是免，充分实施分类管理。经过风险分级，实施进境生物材料检验检疫分类管理制度，科学调整进境生物材料检验检疫准入制度，创新进出境生物材料检验检疫查验模式。制定正面清单，对细胞库细胞系、检测试剂等9类产品实施审批免办；减免进境动物诊断试剂、低风险培养基和动物血液制品等13类产品输出国（地区）官方卫生证书要求；制订试点单位分类方案，量化5项指标、44个要素，实现企业分类管理，激励企业自动提升。

三是放，进一步盘活产业进出口业务。京津冀三地在国内首次开展 SPF 动物遗传物质准入；放宽进境 SPF 鼠隔离检疫要求，准许边隔离边实验，放宽隔离场审核要求，实施一次审核、季度有效。

四是助，成功打造一站式服务平台。北京为便利企业进出口，提升通关速度和服务质量，为中关村量身打造了一次报检、一次查验、一次放行的"一站式服务"绿色平台。开发、运用企业服务电子平台，在动植检领域全面推行注册、备案、审批等无纸化办公。

四、《质检总局关于推广京津冀沪进境生物材料监管试点经验及开展新一轮试点的公告》（2017 年第 94 号公告）创新改革

为促进我国生命科学研究，推动我国生物产业发展，根据风险评估结果和国际通行做法，国家主管部门决定将此前京津冀地区和上海自贸试验区进境生物材料检验检疫改革试点经验推广至全国。授权直属单位对 6 大类 44 种生物材料直接进行动植物检疫审批，免除 9 类生物材料动植物检疫审批要求，免除 10 类生物材料官方动植物检疫证书要求，调低动物源性培养基、商品化体外诊断试剂、细胞库细胞系动植物检疫风险级别，创新进境 SPF 鼠及遗传物质检疫监管模式。同时，经风险评估，在京津冀沪试行新一轮改革措施。

（一）在全国推广的进境生物材料检验检疫措施

对进境生物材料实施四级风险分类管理。根据动植物检疫风险等级不同，分别采取检疫准入、检疫审批、官方证书、安全声明、实验室检测或后续监管等检验检疫措施。

授权各直属机构对部分进境生物材料实施动植物检疫审批。

进境生物材料的《中华人民共和国进境动植物检疫许可证》凡符合同一发货人、同一收货人、同一输出国家/地区、同一品种的，许可证允许分批核销（特许审批物及实验动物除外）。

进境 SPF 级及以上级别实验鼠隔离检疫期间，在确保生物安全的前提下，经所在地直属机构批准，可边隔离边实验。进境时须随附输出国家/地区官方检疫证书。

进境 SPF 级及以上级别实验鼠遗传物质按照生物材料管理，进境时须随附输出国家/地区官方检疫证书。

对进境动物诊断试剂实施分级管理。对于检测酶类、糖类、脂类、蛋白和非蛋白氮类以及无机元素类等生化类商品化体外诊断试剂，口岸直接验放。对于检测抗原抗体等生物活性物质的商品化体外诊断试剂，免于提供国外官方检疫证书，进境时随附境外提供者出具的安全声明及国外允许销售证明，口岸查验合格后直接放行。

来自商品化细胞库（ATCC、NVSL、DSMZ、ECACC、KCLB、JCRB、RIKEN）的动物传代细胞系调整为四级风险进行管理，免于提供国外官方检疫证书，进境时随附境外提供者出具的安全声明，口岸查验合格后直接放行。

进口培养基中动物源性成分不高于 5% 的，口岸凭境外生产商出具的安全声明核放。

（二）在京津冀沪四地试行的检疫改革新措施

1. 满足下列条件的进境 SPF 小鼠或大鼠隔离期由 30 天调整为 14 天：

进口时境外供货方提供出口前 3 个月内的动物健康监测报告，证明 SPF 级小鼠的淋巴细胞性脉络丛脑膜炎病毒、鼠痘病毒、仙台病毒、小鼠肝炎病毒和汉坦病毒监测均为阴性。

进口时境外供货方提供出口前 3 个月内的动物健康监测报告，证明 SPF 级大鼠的仙台病毒和汉坦病毒监测均为阴性。

进口 SPF 小鼠或大鼠，无出口前 3 个月内健康监测报告的或监测项目不满足上述要求的，进境后经中国合格评定国家认可委员会（CNAS）认可的实验机构检测上述疫病合格的。

2. 进口基因检测用动植物及其相关微生物 DNA/RNA，免于提供出口国家/地区官方检疫证书，进境时随附境外提供者出具的成分说明和安全声明，口岸查验合格后直接放行。

3. 允许对尚未完成检疫准入的科研用 SPF 小鼠饲料审批，进境后在指定场所使用。

4. 进境 SPF 鼠指定隔离场使用证由批批办理调整为一次办理、有效期内多次使用。

上海自贸试验区、北京中关村的创新改革以及 94 号公告是对进境生物材料四级风险管理模式的不断丰富、完善和提高。在此过程中，我们对生物产业、生物科研、生物材料的认识日趋完善，特别是生物材料与兽药的关系更加明确，管理更趋精细化。比如，2017 年我们首次明确提出了生物材料的定义。生物材料是指为了科研、研发、预防、诊断、注册、检验、保藏目的进口的可能造成动植物疫病疫情传播风险的微生物、寄生虫；动植物组织、细胞、分泌物、提取物；动物器官、排泄物、血液及其制品、蛋白；由上述材料制成的培养基、诊断试剂、酶制剂、单（多）克隆抗体、生物合成体、抗毒素、细胞因子等生物制品，以及 SPF 级及以上级别的实验动物。基于此定义，将兽用疫苗从法检目录中剔除，明确其兽药身份。

第二节
备案、注册、审批的基本要求

一、进口企业备案基本要求

根据国家主管部门下发的《关于做好进境动物源性生物材料及制品检验检疫工作的通知》（国质检动函〔2011〕2 号）要求，对进境销售的动物源性生物材料及制品的进口企业实施备案管理。

进口企业应当在首次申报前或申报时提供企业法人信息、企业基本情况说明及相关资质说明等，向进境口岸所在地海关备案。备案企业应建立经营档案，记录进口产品的报关号、品名、数量、国外出口商以及进口产品的流向等信息。经营档案应保存 2 年以上。各直属海关要对备案进口企业的经营档案进行检查，发现不合格情况的，要将其列入不良记录企业名单并对其进口的有关产品加强检验检疫。

在这里需要提请关注的是，该备案对象是非常明确的，各直属海关在实际工作中要明确把握两点：一是用途为"销售"，二是对"进口企业"。这两条限制性条件必须兼具，方可实施强制备案。因此，对科研单位无须实施备案，但对主动申请备案的可以受理。

二、输华企业注册的基本要求

在几代人的不断努力下，我国已形成成熟完备的境外输华企业注册体系。该体系包括问卷调查、风险评估、输出国（地区）检疫体系考察、输华企业实地考核、议定书磋商、预警与通报、暂停与恢复、注销与撤销等全流程一体化内容。尽管当前我国对大部分进境生物材料尚未实施境外输华企业注册登记制度，但未来注册制会是大趋势。当前，我国已经对进口牛血清、牛血清白蛋白开展境外输华企业注册登记制度，包括澳大利亚、新西兰、德国、法国等一些国家（地区）的出口企业已完成注册登记程序。

2014 年 4 月，江苏省在对一批来自大洋洲国家（地区）的冻犊牛血清进行实验室检测时，检出牛病毒性腹泻病毒（BVDV）荧光 PCR 检测结果阳性；同年 8 月，甘肃在对进口两批次大洋洲某国家的犊牛血清进行实验室检测时，检出 BVDV ELISA 检测结果阳性，并经江苏省采用荧光 PCR 方法复核确认为阳性。此后，其他省市陆续从该两个地区牛血清中检出 BVDV 阳性。大洋洲是进口牛血清的主要地区，此类事件引起了国家主管部门的高度重视，进一步认识到此类产品因其特殊性，在经过离心、过滤、层析等多步骤深度加工后依然存在生物安全风险。由此，也拉开了进境生物材料境外输华企业注册登记的序幕。随着国际生物产业的快速发展，进境生物材料的种类不断丰富，生物材料进出口贸易不断扩大。未来进口生物材料境外输华企业注册登记范围将逐步扩大，注册登记方式将更加丰富多样。

三、进境生物材料检疫审批的基本要求

根据国家主管部门下发的《关于做好进境动物源性生物材料及制品检验检疫工作的通知》（国质检动函〔2011〕2 号）要求，对一级和二级风险产品，直属海关要严格开展进境动植物检疫审批的受理和初审工作，严格审核进口产品的清单、产品组分和工艺（温度、湿度、时间、压力等技术参数）、境外生产、加工单位的信息和相关资质证明。对商品化的产品，还应审核输出国家（地区）批准销售、使用的证明。对国内有关法律法规

规定需要获得农业部、卫生部等有关部门批准、证明材料的，应严格要求申请单位予以提供并进行审核。

《质检总局关于推广京津冀沪进境生物材料监管试点经验及开展新一轮试点的公告》（2017 年第 94 号公告）发布后，对生物材料的风险级别进行了调整，但对进口单位申请材料的审核要求没有发生变化。因此，在对进境一、二级风险生物材料和三级风险生物材料中"动物体内诊断试剂、含动物源性成分的非商品化诊断试剂、科研用明胶"的进口单位所提交的申请单及其附件进行审核时，要按照上述要求进行审核。

这里需要注意的是，《关于做好进境动物源性生物材料及制品检验检疫工作的通知》（国质检动函〔2011〕2 号）并不包括实验用模式生物果蝇、模式生物线虫，因此对此类生物材料的申请单及随附材料进行审核时，应审核申请书、实验室安全防疫措施、科研立项书，首次申请的还应提供进口使用单位的资质。

第三节
一级风险生物材料

一、一级风险生物材料的定义

一级风险生物材料包括四类。一是科研用《动物病原微生物分类名录》（2005 年 5 月 24 日农业部令第 53 号）中的动物病原微生物，包括口蹄疫病毒、高致病性禽流感病毒、猪水泡病病毒等一类动物病原微生物 10 种，猪瘟病毒、鸡新城疫病毒、狂犬病病毒等二类动物病原微生物 8 种，共患病、牛病、猪病等三类病原微生物 105 种，以及危险性小、低致病力、实验室感染机会少的兽用生物制品、疫苗生产用的各种弱毒病原微生物以及不属于第一、二、三类的各种低毒力的病原微生物。二是科研用动物寄生虫、动物源性感染性物质，包括器官、组织、细胞、体液、血液、排泄物、羽毛、感染性生物合成体等。三是动物疫苗注册、检验和保藏用菌

（毒）种。四是用于国际比对试验或能力验证的疫病检测盲样。

二、一级风险生物材料的准入和申请

一级风险生物材料因其自身高风险性属于禁止进境物，不以商业化模式准入的，按照《中华人民共和国进出境动植物检疫法》第五条规定，因科学研究等特殊需要引进本条第一款规定的禁止进境物的，必须事先提出申请，经国家动植物检疫机关批准。按照《质检总局关于推广京津冀沪进境生物材料监管试点经验及开展新一轮试点的公告》（2017 年第 94 号公告）附件 1《进境生物材料风险级别及检疫监管措施清单》规定，根据不同来源和用途，获取审批所需提交的材料不同：

（一）科研用《动物病原微生物分类名录》（2005 年 5 月 24 日农业部令第 53 号）中的动物病原微生物，需提供：情况说明（进口数量、用途、使用或存放单位和进境后生物安全措施）；部级或以上单位出具的有效科研用途的证明材料；或者是部级或以上部门批准的科研立项书；从事高致病性动物病原微生物实验活动的批准文件。

（二）科研用动物寄生虫、动物源性感染性物质（包括器官、组织、细胞、体液、血液、排泄物、羽毛、感染性生物合成体等），需提供：情况说明（进口数量、用途、使用或存放单位和进境后生物安全措施）；部级或以上单位出具的有效科研用途的证明材料；或者是部级或以上部门批准的科研立项书；从事高致病性动物病原微生物实验活动的批准文件。

（三）动物疫苗注册、检验和保藏用菌（毒）种，需提供：情况说明（进口数量、用途、使用或存放单位和进境后生物安全措施）；农业部等国家部委指定的菌种保藏中心、检定机构出具的接收函。

（四）用于国际比对试验或能力验证的疫病检测盲样，需提供：情况说明（进口数量、用途、使用或存放单位和进境后生物安全措施）；国际比对试验或能力验证证明材料；或相关世界动物卫生组织参考实验室资质认定证明。

三、一级风险生物材料的批准程序

一级风险生物材料的批准程序最严格、最高级。相关科研单位提交材料后，直属海关对材料进行书面审查，于 5 个工作日内做出受理或不予受理的决定，必要时直属海关要对科研单位进行实地考核，确认科研单位软硬件设施满足相关一级风险生物材料的生物安全要求。同时，按照相关法规的规定，一级风险生物材料直属海关只有受理、审核权限，不具备批准和颁证权限。直属海关经过分析研判，认为科研单位具备申请使用的基本条件后，将相关申请单提交海关总署终审。海关总署对科研单位申请材料进行复验，同时对直属海关审核意见进行审查，做出批准或不予批准的决定。

一级风险生物材料的申请一经批准，进口科研单位必须按照所获取的《中华人民共和国进境动植物检疫许可证》中所列明的检疫要求严格执行，进口数量不得超出许可范围的10%，进口种类不得超出许可证中列明的种类，进境后必须在许可证规定的场所仓储，必须按照所申请的科研用途使用，未经海关允许不得转移、转让或移作他用。

第四节
二级风险生物材料

◇

一、二级风险生物材料的定义

根据《质检总局关于推广京津冀沪进境生物材料监管试点经验及开展新一轮试点的公告》（2017年第94号公告），二级风险生物材料包括SPF级及以上级别实验动物，科研用SPF小鼠饲料，SPF级及以上级别实验动物的遗传物质（精液、胚胎、卵细胞等），非感染性的动物器官、组织、细胞、血液及其制品、分泌物、排泄物、提取物等（不包括源自SPF级及以上级别实验动物的生物材料）。这个分类看起来非常复杂难懂，其中SPF级实验动物与源自SPF级动物的生物材料风险级别竟是不同的，SPF级实验动物与非感染性动物组织的风险级别竟是相同的，容易让人产生迷惑和不解。这里就关系到动物风险管理概念，除明确的感染性物质（病菌、病毒、寄生虫等）外，一般认为风险由高到低为尸体、活体、未加工或初加工产品、深加工产

品、标本、艺术品，由于篇幅关系，本书不就此展开，只略作解释。SPF 级
实验动物中文名为无特定病原体动物，一般是在严格的实验环境下传代培养
出来的试验模式生物，具有高清洁度的特性，在进出境活动物领域属于风险
级别最低的，但不代表是零风险。"非感染性"在生物材料中应指无明确证
据表明感染了动物病原体且经相关检测结果为阴性的生物材料，因此，风险
相对于活动物较低，但与在高洁净度动物房繁育的 SPF 级实验动物的器官、
组织的生物安全等级不在一水平线上。SPF 鼠饲料、SPF 鼠遗传物质之所以
被归类为二级风险生物材料，是因为对于饲料、动物遗传物质均有专属的管
理办法进行约束和管理，而 SPF 鼠饲料、SPF 鼠遗传物质从其生物风险来讲
要远远低于普通饲料和普通动物遗传物质，但这两类物质在生产管理方面没
有普通饲料和普通动物遗传物质完备的生产车间、生产标准和质量体系，甚
至目前尚无这两类产品国际贸易的合格评定标准，世界动物卫生组织也未做
出相关规定和推荐。

因此，二级风险生物材料的规定范围充分考量了法律法规、生物安
全、国际标准等一系列管理风险、产品风险和国际贸易风险因素。

二、二级风险生物材料的准入和申请

由于我国对生物材料进行分类管理的认识在不断提升的过程当中，当
前处在从粗放型管理到精细化管理的转型期，关于生物材料的准入问题将
是以后管理的重点研究对象。目前二级风险生物材料仅对牛血清实施了准
入措施，已批准可输华牛血清境外企业中，澳大利亚有 7 家，新西兰有 8
家，法国有 5 家，德国有 4 家。另外，乌拉圭为传统贸易，正在逐步开展
注册管理。除以上 5 国，其他国家（地区）牛血清暂不允许进口。牛血清
以外的二级风险生物材料无地区限制，符合我国官方检疫要求的均可
进口。

二级风险生物材料与一级风险生物材料一样，在进口前均须取得海关
颁发的《中华人民共和国进境动植物检疫许可证》，但在申请要求和获取
难度上要低得多。相关申请材料分别如下：

（一）SPF 级及以上级别实验动物：《进境动物隔离场使用证》。关键
在于其进境后的隔离检疫条件和设施是否能够达到《实验动物　环境及设
施》（GB 14925—2010）的标准。

（二）科研用 SPF 小鼠饲料：科研用途说明，说明进境前加工、处理工艺和无动物疫病感染性的材料。

（三）SPF 级及以上级别实验动物的精液、胚胎、卵细胞等遗传物质：说明进境前加工、处理工艺和无动物疫病感染性的材料。需要强调的是，对 SPF 鼠遗传物质不仅有进境前审批的要求，也像其他动物遗传物质一样有专用的卫生证书要求。

（四）非感染性的动物器官、组织、细胞、血液及其制品、分泌物、排泄物、提取物等（不包括源自 SPF 级及以上级别实验动物的生物材料）：说明进境前加工、处理工艺和无动物疫病感染性的材料。

三、二级风险生物材料的批准程序

二级风险生物材料的批准程序较一级风险生物材料要简单很多。主要体现在以下几个方面：一是用途范围更广，二级生物材料对于用途的批准，除科研外，也允许自由销售或生产等其他用途；二是审批方式更灵活，在审批方式上存在海关总署审批和直属海关授权审批两种，当前海关总署对动物血清、动物细胞等 6 大类 44 种生物材料授权直属海关审批；三是审批时限更短，海关总署审批时间由 20 个工作日缩短为 7 个工作日，授权直属局审批的，缩短为 3 个工作日。在相关单位提交材料后，直属海关对材料进行书面审查，必要时直属海关进行实地考核，根据审查和考核情况，属于授权审批的，直属海关在 3 个工作日内颁发进境动植物检疫许可证或予以否决。属于海关总署审批的，直属海关于 3 个工作日内完成初审并提交总署审批，海关总署对申请材料进行复验，做出批准或不予批准的决定。

进口二级风险生物材料获取进境动植物检疫许可证后，可以根据申请用途开展科研或者商业销售，在完成海关监管期后，合格放行产品允许转移、转让、改变用途。

第五节
三级风险生物材料

◇

一、三级风险生物材料的定义

根据《质检总局关于推广京津冀沪进境生物材料监管试点经验及开展新一轮试点的公告》（2017年第94号公告）规定，三级风险生物材料包括动物体内诊断试剂、含动物源性成分的非商品化诊断试剂，科研用明胶（仅限猪皮明胶、牛皮明胶、鱼皮明胶），含动物源性成分高于5%的成品培养基，SPF级及以上级别的实验动物的器官、组织、细胞、血液及其制品、分泌物、排泄物、提取物等，实验用模式生物果蝇、模式生物线虫。

二、三级风险生物材料的准入和申请

三级风险生物材料不需要准入，任何国家（地区）、任何企业均可进口。但需要注意的是，三级风险生物材料实际上也分为两大类，一类被称为"需审批的"，包括动物体内诊断试剂、含动物源性成分的非商品化诊断试剂、科研用明胶、实验用模式生物果蝇和模式生物线虫，这类生物材料进境前需事先办理进境动植物检疫审批手续，但进境时无须提供输出国（地区）官方出具的官方检疫证书。另一类被称为"需附证的"，包括含动物源性成分高于5%的成品培养基，SPF级及以上级别的实验动物的器官、组织、细胞、血液及其制品、分泌物、排泄物、提取物等，这类生物材料进口无须办理进境动植物检疫许可证，但是在进口时需要随附输出国（地区）官方检疫证书正本，证明相关进口产品的生物安全性。

三级风险生物材料在准入要求、监管要求、证单要求等方面均比二级风险生物材料要低，而且在同级别内又细化为两类，我们称为"审批不要证、要证不审批"，体现了我国在进境生物材料检疫监管方面正在向更细化、更精准的方向迈进。

三、三级风险生物材料的批准程序

三级风险生物材料中需要审批的，其批准程序与二级风险生物材料基本一致。主要体现在以下几个方面：一是用途范围既包括科研用途，也允许自由销售或生产等其他用途；二是审批方式上存在海关总署审批和直属海关授权审批两种，其中，科研用明胶、实验用模式生物果蝇和模式生物线虫由直属海关审批，动物体内诊断试剂、含动物源性成分的非商品化诊断试剂由海关总署审批；三是审批时限要求基本一致，海关总署审批的总时限为 7 个工作日，授权直属海关审批的，总时限为 3 个工作日；四是进口三级风险生物材料，经海关检疫合格放行后，允许转移、转让、改变用途。

第六节
四级风险生物材料

一、四级风险生物材料的定义

根据《质检总局关于推广京津冀沪进境生物材料监管试点经验及开展新一轮试点的公告》（2017 年第 94 号公告），四级风险生物材料包括含动物源性成分≤5%的成品培养基；检测抗原抗体等生物活性物质的商品化体外诊断试剂；检测酶类、糖类、脂类、蛋白和非蛋白氮类以及无机元素类等生化类商品化体外诊断试剂；来自商品化细胞库（ATCC、NVSL、DSMZ、ECACC、KCLB、JCRB、RIKEN）的动物传代细胞系；《动物病原微生物分类名录》（2005 年 5 月 24 日农业部令第 53 号）外的微生物，非致病性微生物的 DNA/RNA，无感染性动物质粒、噬菌体等遗传物质和生物合成体；动物干扰素、激素、毒素、类毒素、酶和酶制剂、单（多）克隆抗体、抗毒素、细胞因子、微粒体等；经化学变性处理的动物组织、器官及其切片。

通过以上定义可以看出，四级风险生物材料有几个特点。一是种类多，一至三级风险生物材料均为 4 类产品，而四级风险生物材料多达 7 大类产品；二是产品更加具象化，定义较一至三级风险生物材料更清晰，比如对诊断试剂按照用途进行了细分，对细胞库细胞系的来源有明确的要求，还有激素、毒素等很多都明确了生物学名称；三是对微生物的归类进行了说明，明确了《动物病原微生物分类名录》（2005 年 5 月 24 日农业部令第 53 号）以外的微生物属于四级风险。但同时也要注意的是，该名录有一兜底条款，即四类动物病原微生物是指危险性小、低致病力、实验室感染机会少的兽用生物制品、疫苗生产用的各种弱毒病原微生物以及不属于第一、二、三类的各种低毒力的病原微生物。因此，在实际工作中我们应当把握一个分界线——致病，可致病的微生物为一级风险生物材料，非致病的则为四级风险生物材料。

二、四级风险生物材料的准入和申请

四级风险生物材料与三级风险生物材料在准入方面相同，均不需要准入，任何国家（地区）、任何企业均可进口。同时，进口四级风险生物材料不需要办理进境动植物检疫许可证，进口时也不需要随附输出国（地区）官方检疫证书，属于进口最便捷、监管最宽松的产品。尽管如此，进境四级风险生物材料并非对生物安全性不做任何要求，根据《关于做好进境动物源性生物材料及制品检验检疫工作的通知》（国质检动函〔2011〕2号）规定，四级风险生物材料在进口时需要提供境外提供者出具的安全声明及进境使用单位的安全承诺。

这里特别要提醒关注的是，《质检总局关于推广京津冀沪进境生物材料监管试点经验及开展新一轮试点的公告》（2017 年第 94 号公告）中明确提出，"自本公告下发之日起，《关于做好进境动物源性生物材料及制品检验检疫工作的通知》（国质检动函〔2011〕2 号）中相关规定与本公告不一致的，以本公告为准"。因此，上述两个文件互为补充关系，新规定优于旧规定，但不是完全替代，国质检动函〔2011〕2 号至今依然是有效性文件。

第七节
进境生物材料的申报、审单与核销

—◇—

一、单证申报要点

对进境生物材料实施四级风险分类管理。根据动植物检疫风险等级不同，分别采取检疫准入、检疫审批、官方证书、安全声明等审单要求。"进境生物材料风险级别及审单要求"见表3-1。

表3-1　进境生物材料风险级别及审单要求

风险级别	生物材料范围	进境检疫审批	境外官方检疫证书	报检时附加声明
一级	科研用《动物病原微生物分类名录》（2005年5月24日农业部令第53号）中的动物病原微生物	是	是	否
	科研用动物寄生虫、动物源性感染性物质（包括器官、组织、细胞、体液、血液、排泄物、羽毛、感染性生物合成体等）			
	动物疫苗注册、检验和保藏用菌（毒）种			
	用于国际比对试验或能力验证的疫病检测盲样			
二级	SPF级及以上级别实验动物	是	是	否
	SPF级及以上级别实验动物的精液、胚胎、卵细胞等遗传物质			
	非感染性的动物器官、组织、细胞、血液及其制品、分泌物、排泄物、提取物等（不包括源自SPF级及以上级别实验动物的生物材料）			

表3-1 续

风险级别	生物材料范围	进境检疫审批	境外官方检疫证书	报检时附加声明
三级	动物体内诊断试剂、含动物源性成分的非商品化诊断试剂	是	否	是
	科研用明胶（仅限猪皮明胶、牛皮明胶、鱼皮明胶）	是	否	是
	含动物源性成分高于5%的培养基	否	是	否
	SPF级及以上级别的实验动物的器官、组织、细胞、血液及其制品、分泌物、排泄物、提取物等	否	是	否
	实验用模式生物果蝇、模式生物线虫	是	否	否
四级	含动物源性成分≤5%的培养基	否	否	是
	检测抗原抗体等生物活性物质的商品化体外诊断试剂			
	检测酶类、糖类、脂类、蛋白和非蛋白氮类和无机元素类等生化类商品化体外诊断试剂			
	来自商品化细胞库（ATCC、NVSL、DSMZ、ECACC、KCLB、JCRB、RIKEN）的动物传代细胞系			
	《动物病原微生物分类名录》（2005年5月24日农业部令第53号）外的微生物，非致病性微生物的DNA/RNA，无感染性动物质粒、噬菌体等遗传物质和生物合成体			
	动物干扰素、激素、毒素、类毒素、酶和酶制剂、单（多）克隆抗体、抗毒素、细胞因子、微粒体等			
	经化学变性处理的动物组织、器官及其切片			

收货人或者其代理人须在货物进口前或者进口时向进境口岸海关报检。需调离的货物，收货人还应向目的地海关申报，提交外贸合同、提单、发票、装箱单等单据，并按照进口的产品种类提交以下材料：

（一）进境一级风险产品

1.《检疫许可证》；

2. 输出国家/地区官方主管部门出具的卫生证书。

（二）进境二级风险产品

1.《检疫许可证》；

2. 进境时应随附输出国家/地区官方主管部门出具的卫生证书；

3. 附有《医疗器械注册证》和《医疗器械经营企业许可证》的进口疯牛病、痒病国家人用含微量牛、羊血清（蛋白）成分的体外诊断试剂，可以不要求输出国家/地区出具卫生证书。

（三）进境三级风险产品

1. 输出国家/地区官方主管部门出具的卫生证书；

2. 进口兽用疫苗应提供按照国内有关部门规定取得的《进口兽药注册证书》《兽用生物制品进口许可证》等批准文件；

3. 进口含动物源性成分培养基、实验动物的器官/组织、血液及其制品、细胞及其分泌物、提取物的，需提供详细的品种、内容物组成、动物源性成分来源、产地和有效实验动物等级证明等材料。

（四）进境四级风险产品

1. 产品加工工艺和相关证明；

2. 进口存放使用单位的产品安全承诺；

3. 境外生产、制作单位的安全声明。

二、海关审单要点

进境生物材料的《中华人民共和国进境动物检疫许可证》，凡符合同一发货人、同一收货人、同一输出国家/地区、同一品种的，许可证允许分批核销（特许审批物及实验动物除外）。

进境 SPF 级及以上级别实验鼠遗传物质照生物材料管理，进境时须随附输出国家/地区官方检疫证书。

对于检测抗原抗体等生物活性物质的商品体外诊断试剂，免于提供境外官方检疫证书，进境时随附境外提供者出具的安全声明及境外允许销售证明。

来自商品化细胞库（ATCC、NVSL、DMZ、ECACC、KCLB、JCRB、RIKEN）的动物传代细胞系调整为四级风险进行管理，免于提供境外方检疫证书，进境时随附境外提供者出具的安全声明。

进口培养基中动物源性成分不高于 5% 的口岸凭境外生产商出具的安全声明核放。

科研用途进境一级风险产品，应提供部级及以上单位出具的有效科研用途证明材料。进口《动物病原微生物分类名录》（农业部令 2005 年 53 号）中的第一、二类动物病原微生物的，还应提供高致病性动物病原微生物实验室资格证书和从事高致病性动物病原微生物实验活动的批准文件。

含微量（含量≤5%）动植物源性成分的脂培养基、蛋白胨培养基，免于核查输出国家或地区动植物检疫证书，需提供该类产品境外生产的产品说明书或境外输出单位出具的安全声明。

含微量（含量≤5%）动物源性成分用体外检测的商品化试剂盒，免于核查输出国家或地区动植物检疫证书，需提供该类产品商品化试剂盒在境外市场销售使用的证明和产品说明书。

经化学变性处理的科研用动物组织、器官以及科研用工业明胶，免于核查输出国家或地区动植物检疫证书，需提供该类产品境外输出单位出具的学变性处理的工艺说明和进口使用单位的安全承诺书。

来自商品化细胞库（包括 ATCC、VSL、DSMZ、ECACC、KCIB、JCB、RIKEN）的传代细胞系，免于核查输出国家或地区动植物检疫证书，需提供该类产品境外输出单位出具的安全声明（包括描述传代细胞的来源和细胞冻存液的成分）。

三、审单操作要求

隶属海关应依据《进境生物材料风险级别及检疫监管措施清单》不同风险级别的要求，审核货主或代理人提交的申报资料完整性、有效性和一致性，包括但不限于以下单证资料：输出国家/地区官方主管部门出具的检疫证书，进境动植物检疫许可证（联网核查），境外提供者出具的安全声明、外贸合同、提单、发票、装箱单等单据；采用电子化方式申报的，不需提交纸质报关单，合同、发票、装箱单、提运单等商业单证仅需录入单证名称和号码，企业留存备查。申报资料应当完整、准确、真实，所附单证应当齐全、有效，符合要求的受理申报。

隶属海关应加强进境动物源性生物材料的单证审核，重点审核《中华人民共和国进境动植物检疫许可证》、输出国家或地区官方出具的检验检疫证书正本、境外提供者出具的安全声明。无许可证、官方检疫证书或无有效许可证、官方检疫证书的，做退货或销毁处理；无境外提供者出具的安全声明或安全声明不符合要求的，补正后予以受理申报。审核发现输出国家或地区官方检疫证书与许可证的收货人不一致的，不予受理申报。

应加强对申报产品的商品编码和检验检疫码的符合性验证，发现企业申报错误应及时纠正，避免企业使用错误编码命中不符合实际的查验项目的情况发生。对企业恶意申报错误编码逃避检疫的行为，应严肃查处。加强对境外官方检疫证书和企业附加声明的审核。进境 SPF 级及以上级别实验鼠遗传物质按照生物材料管理，进境时须随附输出国家/地区官方检疫证书。

四、动植物检疫许可证核销

受理申报后，进境口岸海关应及时登录"海关总署进境动植物检疫审批管理系统"进行核销。

进境生物材料的《中华人民共和国进境动植物检疫许可证》凡符合同一发货人、同一收货人、同一输出国家或地区、同一品种的，许可证允许分批核销（特许审批物及实验动物除外）。涉及境外官方检疫证书的产品，应关注证书的真实性、有效性以及和货物的相符性。

当作业流程不要求在实施检验检疫时验核相关材料（如在其他环节已对相关材料实施了验核）时，应按作业流程规定执行。但在检验检疫实施过程中仍可根据实际需要对相关材料进行验核。

第八节
进境生物材料的现场查验

一、查验的基本要求

依据中国法律法规、强制性标准和海关总署规定的检验检疫要求、双边检验检疫协定（双边协议、议定书、备忘录等）、《中华人民共和国进境动植物检疫许可证》列明的检验检疫要求以及贸易合同或信用证注明的检疫要求，组织实施进境生物材料检疫查验。SPF 级及以上级别实验动物的查验参照进境陆生动物要求执行。新一代查检系统查验指令与海关总署文件要求不一致的，隶属海关应及时报送直属海关，由直属海关及时向海关总署反映。查验基本要求包括：

（一）要对进境动物源性生物材料及制品进行严格查验，严格核对品种、生产、加工单位、规格、数量，检查产品包装是否完好，是否符合运输要求。同时，要根据有关规定加大对进境动物源性生物材料及制品申报为非法检产品的抽查力度。发现不符合要求的，严格按照《国务院关于加强食品等产品安全监督管理的特别规定》等有关规定对有关产品和进口单位进行处理。

（二）根据工作实际可以对进境动物源性生物材料及制品进行实验室检测。

（三）确定现场查验时间、人员。现场查验应不少于 2 名人员，其中至少 1 人应具备动植物检疫现场查验岗位资质。

二、核对货证

根据产品的风险等级和相应的管理要求，隶属海关查验人员要对进境动物源性生物材料及其制品进行严格查验，认真审核《进境动植物检疫许可证》、输出国家/地区官方出具的卫生证书及有关材料，确认货证相符。查询启运时间、港口、途经国家或地区、装载清单等，核对单证是否真实有效，单证与货物的名称、数（重）量、输出国家或地区、包装、唛头、标记等是否相符；对实施境外生产企业注册管理的，要查验产品是否来自相应注册企业，来源信息（注册号、企业名称、地址、产品类别）是否完整，且满足许可证检疫要求。

三、现场检查

（一）入境口岸现场查验

口岸海关按照以下要求对进境生物材料实施现场查验：

1. 口岸查验时应在满足相应生物材料温湿度要求的环境下开箱，SPF

鼠不得开鼠盒查验，禁止在常温下抽提液氮保存的精液、胚胎等生物材料。

2. 查询启运时间、港口、途经国家或地区、装载清单等，核对单证是否真实有效，单证与货物的名称、数（重）量、输出国家或地区、包装、唛头、标记等是否相符；对实施境外生产企业注册管理的，要查验产品是否来自相应注册企业，来源信息（注册号、企业名称、地址、产品类别）是否完整，且满足许可证检疫要求。

3. 包装、容器是否完好，包装内温度是否满足相关生物材料的温控要求，是否带有动植物性包装、铺垫材料并符合我国相关规定；

4. 有无腐败变质现象，有无携带其他有害生物、动物排泄物或者其他动物组织等；

5. 有无携带动物尸体、土壤及其他禁止进境物，对发现的禁止进境物进行销毁处理；

6. 实验动物有无死亡，体征异常、精神异常、排泄物异常、可视黏膜异常，有无溃疡、出血、囊肿及寄生虫感染等。临床检查发现异常或死亡的，记录但不现场采样，待运至隔离场后在生物安全环境下抽样送实验室进行检测。

（二）现场查验时，口岸海关应当对运输工具有关部位、装载生物材料的容器、包装外表、铺垫材料、污染场地等进行防疫消毒处理。

（三）现场需要开拆包装加干冰或者冰袋的，所用冰袋应经消毒处理，对废弃的原包装、包装内水或者冰，按照有关规定实施消毒处理。

四、现场查验合格后的处理原则

（一）对现场查验合格的不需要转运至生产、加工、存放企业实施后续监管的三、四级生物材料，直接放行。

（二）对现场查验合格的需要转运至生产、加工、存放企业实施后续监管的一、二级生物材料，经口岸调离至生产、加工、存放企业，并由所在地的辖区海关实施检验检疫及监督管理。

（三）对许可证要求调往目的地实施检疫监管的生物材料，由口岸海关调离至目的地海关实施检验检疫。

（四）对许可证明确要求采样送检的或者海关总署下达指令实施风险

布控的，应按照相关要求采样送检，待检测结果出具后方可允许进口企业使用或者销售。

五、现场查验不合格后的处理原则

（一）对无输出国家或地区官方出具的检验检疫证书正本或者检验检疫证书正本不符合要求的，以及须具有但无有效《中华人民共和国进境动植物检疫许可证》的，作退回或销毁处理。

（二）货证不符的或来自相关国家/地区非注册企业的，作退回或销毁处理。

（三）海关总署有其他规定的，按规定处理。

六、抽/采样

隶属海关根据系统布控指令实施抽样送检，如系统未布控的，可参照许可和检疫证书的要求，对进境动物源性生物材料进行抽样送实验室检测，并出具抽/采样凭证。

（一）进境不同生物材料，抽/采样频率根据风险布控信息、许可证要求等规定执行。

（二）按照《出入境动物检疫采样》（GB/T 18088—2000）的规定进行采样。海关总署另有规定的除外。

（三）采样时，应避免样品被污染。采样后，样品应使用恒温冷藏箱或液氮罐保存，在盛装样品的容器或样品袋上加贴标签，标明样品名称、报关单号、来源、数量、采样地点、采样人及采样日期等。

（四）采样后向代理人或货主出具抽/采样凭证，样品尽快送至海关技术中心检验。

（五）不进行实验室检验的不采样。

七、实验室检测

实验室负责对采取的进境生物材料的样品进行相应微生物、疫病等的实验室检验，并出具检验报告。

八、相关案例

（一）进口大洋洲某国家一批次牛血清检出牛病毒性腹泻病毒阳性

2014 年，江苏机构对自大洋洲某国进口的一批冻犊牛血清采用荧光 PCR 方法检测牛病毒性腹泻病毒（BVDV），检测结果为阳性。国家主管部门为防止疫病传入，保护生物制品安全，暂停直接或间接从该国进口牛血液制品，停止签发从该国进口牛血液制品的《进境动植物检疫许可证》。对于通报发布之日前已发运在途和到港的该国牛血液制品，口岸机构应采用荧光 PCR 方法检测 BVDV，一旦检出应及时上报国家主管部门，并依法处理相关产品。

（二）进口大洋洲某国家两批次牛血清检出牛病毒性腹泻病毒阳性

2014 年，甘肃机构对自大洋洲某国家进口的两批次犊牛血清采用 ELISA 方法检测 BVDV，结果为阳性，并经江苏机构采用荧光 PCR 方法复核确认为阳性。国家主管部门为防止境外动物疫情传入，确保进境生物制品安全，暂停直接或间接从该国进口牛血液制品，停止签发从该国进口牛血液制品的《进境动植物检疫许可证》。对于本通报发布之日前已发运在途和到港的该国牛血液制品，口岸机构应采用荧光 PCR 方法检测 BVDV，一旦检出应及时上报国家主管部门，并依法处理相关产品。

九、合格评定

现场检验检疫和实验室检测合格的，放行。对于检测酶类、糖类、脂类、蛋白和非蛋白氮类以及无机元素类等生化类商品化体外诊断试剂，口岸直接验放。对于检测抗原抗体等生物活性物质的商品化体外诊断试剂，免于提供境外官方检疫证书，进境时随附境外提供者出具的安全声明及境外允许销售证明，口岸查验合格后直接放行。来自商品化细胞库（ATCC、NVSL、DSMZ、ECACC、KCLB、JCRB、RIKEN）的动物传代细胞系，免于提供境外官方检疫证书，进境时随附境外提供者出具的安全声明，口岸查验合格后直接放行。进口培养基中动物源性成分不高于 5% 的，口岸凭境外生产商出具的安全声明核放。

进境一级、二级风险产品调往许可证指定的存放、使用单位的，货主或其代理人应当向目的地海关申报，并提供相关单证复印件，由目的地海关实施检疫监督。

有下列情形之一的，签发《检验检疫处理通知书》，由货主或其代理人在海关的监督下，作退回或者销毁处理：

（一）未按照要求取得许可证或者输出国家/地区官方出具的检疫证书及其他相关材料的；

（二）货证不符的；

（三）腐败变质的；

（四）发现土壤、动物尸体、检疫性有害生物等禁止进境物，无法进行有效检疫处理的。

第九节
监督管理

一、进境生物材料检疫监督制度的建立

随着我国生物医药产业及相关科研的迅速发展，国内对境外动物源性生物材料及制品的需求量不断加大，进境品种和数量不断增加。动物源性生物材料及制品品种多，来源复杂，产品检疫风险不一，进境后续监管难度大。采取科学的风险管理措施，规范和加强进境动物源性生物材料及制品检验检疫工作，是防范境外动物疫病传入我国的必然要求，对确保进境动物源性生物材料及制品质量安全，促进国内有关科研和生物医药产业的健康发展都具有重要意义。2011年1月，国家主管部门依据我国动物检疫相关法律法规，参考其他国家或地区的技术法规及先进做法，结合前期改革试点经验，发布了《关于做好进境动物源性生物材料及制品检验检疫工作的通知》（国质检动函〔2011〕2号）。在风险评估的基础上，该通知首次对进境动物源性生物材料及制品按四级实施风险管理的要求，并提出了入境后检疫监管措施。

该通知对进境生物材料提出了两条检疫监督管理措施。一是对进境销售的动物源性生物材料及制品的进口企业实施备案管理。进口企业应当在首次申报前或申报时提供营业执照复印件、组织机构代码证、企业基本情况说明及相关资质说明等，向进境口岸所在地海关备案。备案企业应建立经营档案，记录进口产品的报关号、品名、数量、境外出口商以及进口产品的流向等信息。经营档案应保存 2 年以上。对备案进口企业的经营档案进行检查，发现不合格情况的，要将其列入不良记录企业名单并对其进口的有关产品加强检验检疫。二是对科学研究、产业研发等非商业目的进口一级和二级风险动物源性生物材料及制品，严格监督存放、使用单位按照《病原微生物实验室生物安全管理条例》《兽医实验室生物安全管理规范》等规定，制定安全使用、管理的有关制度并严格执行，未经海关允许，不得将进口产品移出存放、使用单位。

二、制度的完善和细化

随着近年来生物产业发展进入快车道，生物材料的进口需求呈爆发式增长，一方面是因为我国生物医药产业起步晚、底子薄，还没有形成完备的产业基础支撑体系，尚不能满足快速增长的基础材料供给需求；另一方面，随着科研开发不断国际化，生物材料的跨境交流越发频繁。生物材料进口不断增长，新型生物材料的进口需求不断涌现，如何在确保国门生物安全的前提下，使高品质生物材料"进得来、进得快"，是海关口岸检疫工作面临的新挑战。北京、上海等地先后开展了进境动植物生物材料检验检疫试点改革。

2013 年，《关于在中关村开展进境动植物生物材料检验检疫改革试点有关意见的批复》（国质检动函〔2013〕710 号）发布，中关村生物材料试点改革正式启动，授权审批、缩短审批时间、延长检疫许可证有效期和调整相关动物细胞系风险级别。试点单位实验条件符合生物安全规定的，经批准后允许边隔离边实验。

2014 年，《关于支持中国（上海）自由贸易试验区建设动植物检验检疫改革措施的通知》（质检办动函〔2014〕159 号）发布，推行产品分类管理制度、调整检疫准入制度、授权上海实施检疫审批负面清单制度、创新查验模式。

2015 年 1 月，《关于深化京津冀地区进境动植物源性生物材料检验检疫监管改革的通知》发布，决定在京津冀地区推广复制中关村改革试点经验，并深化进境动植物源性生物材料检验检疫监管改革，对进境动物诊断试剂实施分级分类管理，规范实验鼠及其遗传物质检疫要求。

2016 年 9 月，上海自贸试验区《免于核查输出国家或地区动植物检疫证书的清单（第二版）》发布，包含 5 类进境动物源性生物材料可免于核查境外官方检疫证书。同年 12 月，相关经验被国务院采纳作为自由贸易试验区新一批改革试点经验在全国复制推广。

2017 年，在中关村经验、上海自贸试验区经验取得良好反响并逐渐推广的基础上，《关于推广京津冀沪进境生物材料监管十点经验及开展新一轮试点的公告》（质检总局公告 2017 年第 94 号）发布，将此前京津冀地区和上海自贸试验区进境生物材料检验检疫改革试点经验推广至全国，将动物源性培养基、商品化体外诊断试剂、细胞库细胞系的风险级别进行了调整，首次将进境 SPF 鼠及遗传物质纳入生物材料管理，并创新监管模式。对进境生物材料的检疫监管措施实施清单化管理，并提出对《进境生物材料风险级别及检疫监管措施清单》实施动态调整。至此，进境生物材料检疫监督管理制度基本完善。

三、关检融合后管理模式的调整

2018 年，根据党中央和国务院关于党和国家机构改革的部署，出入境检验检疫管理职责和队伍划入海关。为加快推进关检业务融合，贯彻落实"政治建关、改革强关、依法把关、科技兴关、从严治关"要求，建立与全国通关一体化相适应的高效运作机制，为提高通关效率和海关整体监管效能提供保障，海关总署制定了"两段准入"改革实施方案和"多查合一"改革实施方案。

"两段准入"是指海关以进境货物准予提离口岸海关监管作业场所（场地）为界，分段实施"是否允许货物入境"和"是否允许货物进入国内市场销售或使用"两类准入监管（分别简称为"第一段监管"和"第二段监管"）的监管作业方式。"两段准入"模式的精髓在于"分段"。"第一段准入"是指，进口货物提离口岸海关监管区前，海关对有检疫、查验等要求的货物实施口岸检查，确定"是否允许货物入境"，是海关根据货物来源地的疫情疫病风险、货物的属性等特定指标综合研判货物的风险级别，分别实施监管的过程，如入境拒止、口岸检查等。根据第一段的监管结果，分级实施口岸放行，包括无布控放行、审单放行、附条件提离、转场检查、转目的地检查五种方式。"第二段准入"是指，进口货物提离口岸海关监管区后，海关对有检验要求的货物，实施目的地检查，确定是否允许货物进入国内市场销售或使用，是非高风险或风险可控的商品入境后，在其后实施的监管过程，主要完成完整申报后的单证检查及根据布控指令和监管清单作业要求实施的目的地检查。通过"两段准入"改革，海关可在口岸完成对重大风险的精准掌控和快速处置，做到御疫于国门之外、严守国门安全的同时，进一步优化营商环境，大幅提升通关效能，增加了我国进出口企业的国际竞争力。

"多查合一"改革是海关全面深化改革总体方案的重要一环，也是全国通关一体化关检业务全面融合框架中重要内容之一，改革的总体思路为后续监管集约、关检业务融合、运行机制优化，旨在整合关检后续监管职责，统筹外勤后续执法，调整机构设置，优化资源配置，稽核查任务归口实施，构建集约化、专业化的后续管理模式，为提高通关效率和海关整体监管效能提供保障。改革后，进境一、二级生物材料使用单位核查纳入"多查合一"管理。

四、进境生物材料检疫监管基本要求

目前，海关对进境生物材料的检疫监管是通过口岸检查、目的地检查、使用单位核查三个维度构成的立体监管模式。

口岸检查完成后，属地海关根据风控指令对进境一、二级风险生物材料实施目的地检查。对于实验动物以外的生物材料，目的地检查主要是检查是否按要求运至指定使用、存放单位，是否按要求实施无害化处理，是否未经许可移出使用单位等。

对于进境实验动物，目的地检查为对实验动物实施隔离检疫。根据《关于推广京津冀沪进境生物材料监管十点经验及开展新一轮试点的公告》（质检总局公告 2017 年第 94 号），进境 SPF 级及以上实验鼠隔离检疫期间，在确保生物安全的前提下，经所在地直属海关批准，可边隔离边实验。京津冀沪现行先行先试缩短实验动物隔离期，满足下列条件的进境

SPF 小鼠或大鼠隔离期由 30 天调整为 14 天：一是进口时境外供货方提供出口前 3 个月内的动物健康监测报告，证明 SPF 级小鼠的淋巴细胞性脉络丛脑膜炎病毒、鼠痘病毒、仙台病毒、小鼠肝炎病毒和汉坦病毒监测均为阴性；二是进口时境外供货方提供出口前 3 个月内的动物健康监测报告，证明 SPF 级大鼠的仙台病毒和汉坦病毒监测均为阴性。三是进口 SPF 小鼠或大鼠，无出口前 3 个月内健康监测报告的或监测项目不满足上述要求的，进境后经中国合格评定国家认可委员会（CNAS）认可的实验机构检测上述疫病合格的。

将进境生物材料后续监管纳入"多查合一"事项，确保监管工作不断档。一、二级风险生物材料放行后，隶属海关按照"多查合一"指令开展后续监管。按照多查合一标准化作业表单核查实验室资质，管理制度是否执行到位，实验室操作人员是否具备相应的资质，审核进境生物材料的储藏、使用、废弃物处理等环节是否达到安全要求，审核进境生物材料使用情况记录，是否按照审批用途使用。监督存放、使用单位按照《病原微生物实验室生物安全管理条例》《兽医实验室生物安全管理规范》等规定建立健全相关防护措施，完善内部规章制度和人员配备。对进境生物材料应当做到专人管理、专门标识、单独放置，并建立专门台账记录进境生物材料的使用情况。相关废弃物在遗弃前必须经无害化处理并做好记录，以确保进境生物材料在运输和使用中不对人类、动植物健康和环境造成危害。不得擅自将进境生物材料移作他用或以赠送、买卖、交换等转移所有权的方式给其他企业。

五、存放、使用单位查验

进境动物源性生物材料一级和二级风险产品存放、使用单位所在地隶属海关核查货物的流向是否符合《检疫许可证》的要求，货证是否相符。监督一级、二级风险产品存放、使用单位按照《病原微生物实验室生物安全管理条例》《兽医实验室生物安全管理规范》等规定，制定安全使用、管理的有关制度并严格执行。未经海关允许，不得将进境产品移出存放、使用单位。

进境生物材料企业应在相应属地海关备案，并建立完善可查的经营档案。进境生物材料企业每年 2 月底前，向属地海关上交进境生物材料工作总结和经营档案，属地海关应每年对经营档案进行监督抽查，内容包括：进口产品分类目录；进口产品报关号、品名、数量、境外出口商、使用或销售等流向信息；经营档案应保存 2 年以上。

目的地海关部门应对进境的一、二级风险生物材料实施检疫监督管理，监管内容包括：

（一）科研的：是否单独存放、专人保管，有无领用、实验、废弃物销毁记录，库存、账目是否对应，是否未经允许移作他用或流出本实验机构。

（二）商用的：入出库明细、流向记录信息是否完整可追溯。

（三）实验动物：按照《进境动物隔离检疫场使用监督管理办法》（国家质检总局令第 122 号）和《关于推广京津冀沪进境生物材料监管试点经验及开展新一轮试点的公告》（质检总局公告 2017 年第 94 号）实施监督管理。发现异常死亡的，应立即采样送实验室检测，同批次动物要加强隔离观察。

海关总署支持各直属海关开展进境 SPF 鼠疫病风险监测工作，SPF 级小鼠可做淋巴细胞性脉络丛脑膜炎病毒、鼠痘病毒、仙台病毒、小鼠肝炎病毒和汉坦病毒检测。SPF 级大鼠可做仙台病毒和汉坦病毒检测。一旦确定检测结果为阳性的，应及时按照海关总署风险预警流程上报动植物检疫司。

对调往目的地指定加工的产品，须抽样检测的，待检测合格后，方可准予上市销售；检测不合格的，不准销售或经处理合格后准予上市销售。

六、隔离检疫

对于初次使用的进境 SPF 级实验动物的隔离场，隶属海关负责对企业提交的材料进行初步审核，审核合格的提交直属海关，由直属海关派员现场考核评估，并出具《隔离场使用证》。

对于再次使用的进境 SPF 级实验动物的隔离场，由隶属海关组织进行现场考核，考核合格后将企业申请材料、考核表、相关整改验收材料等报直属海关，直属海关材料审核合格后出具《隔离场使用证》。直属海关每年对正在使用的进境 SPF 级实验动物隔离场进行回顾性审查。

进境 SPF 级及以上级别实验鼠隔离检疫期间，在确保生物安全的前提

下，经所在地直属海关批准，可边隔离边实验。进境时须随附输出国家/
地区官方检疫证书。

各直属海关应加强一线人员的防护培训，培训内容包括口罩、帽子、
眼罩、手套、防护服、防护靴的穿戴规程，不同情形下使用防护装备的级
别等。

查验、监管人员不得徒手接触任何风险级别的生物材料，查验、监管
完毕后应立即用75%酒精或等效洗手液洗手。

监管人员出入菌毒种库、实验室、SPF动物隔离场等应穿戴不低于对
方防疫要求的防护用具。

第十节
不合格处置

一、法律法规依据

（一）《中华人民共和国进出境动植物检疫法》

第十六条　输入动物，经检疫不合格的，由口岸海关签发《检疫处理
通知单》，通知货主或者其代理人作如下处理：

检出一类传染病、寄生虫病的动物，连同其同群动物全群退回或者全
群扑杀并销毁尸体；

检出二类传染病、寄生虫病的动物，退回或者扑杀，同群其他动物在
隔离场或者其他指定地点隔离观察。

输入动物产品和其他检疫物经检疫不合格的，由口岸动植物检疫机关
签发《检疫处理通知单》，通知货主或者其代理人作除害、退回或者销毁
处理。经除害处理合格的，准予进境。

第十七条　输入植物、植物产品和其他检疫物，经检疫发现有植物危
险性病、虫、杂草的，由口岸海关签发《检疫处理通知单》，通知货主或
者其代理人作除害、退回或者销毁处理。经除害处理合格的，准予进境。

(二)《中华人民共和国进出境动植物检疫法实施条例》

第十九条 向口岸海关申报时应当填写报关单，并提交输出国家或者地区政府动植物检疫机关出具的检疫证书、产地证书和贸易合同、信用证、发票等单证；依法应当办理检疫审批手续的，还应当提交检疫审批单。无输出国家或者地区政府动植物检疫机关出具的有效检疫证书，或者未依法办理检疫审批手续的，口岸海关可以根据具体情况，作退回或者销毁处理。

第四十条 携带、邮寄植物种子、种苗及其他繁殖材料进境，未依法办理检疫审批手续的，由口岸海关作退回或者销毁处理。邮件作退回处理的，由口岸海关在邮件及发递单上批注退回原因；邮件作销毁处理的，由口岸海关签发通知单，通知寄件人。

第四十五条 携带、邮寄进境的动植物、动植物产品和其他检疫物，经检疫不合格又无有效方法作除害处理的，作退回或者销毁处理，并签发《检疫处理通知单》交携带人、寄件人。

二、相关案例

(一) 非法携带、邮寄生物材料案

1. 深圳口岸查处旅客携带胎牛血清案

2015 年 1 月 23 日，深圳口岸工作人员从 1 名入境旅客携带的行李中截获 23 瓶胎牛血清（Fetal Bonvine Serum，FBS），规格均为每瓶 500 毫升。该批物品仅用一个布袋简单包裹，查获时已有部分为解冻状态，并有少量渗出物。该名旅客自称该批物品为学校做细胞培养实验所用。因其无法提供相关检疫审批手续，现场工作人员依法对该批胎牛血清作退回处理。

2. 北京口岸查处瞒报生物材料案

2017 年 11 月 13 日，北京口岸工作人员对一批申报为"塑胶板"（申报货值为 50 美元，收货人显示为北京某学院）的非法检快件货物进行现场查验时，发现实际到货为 36 瓶胎牛血清、生物试剂等产品。

立案后，主管机构立即封存货物，保留证据，通报快递公司对查扣信息保密，同时对发货人和收货人的情况进行排查布控，获取证据。11 月 22 日，对部分涉案人员和涉案物品进行了现场突击查处，在北京某地涉案现

场查获大量牛血清、血液制品、生物试剂等多种生物制品。同时还查获涉案公司伪造的事业单位印章 3 枚。11 月 24 日，又对涉案公司的销售下家进行了突击检查，现场查获牛血清 20 瓶。

经清点，共查获牛血清 93 瓶，经检测，发现《中华人民共和国进境动物检疫疫病名录》中的二类动物传染病牛病毒性腹泻病毒核酸阳性和抗体阳性。本案涉案人员已涉嫌触犯我国刑法，该机关将案件移交至有关部门，追究其刑事责任。

3. 深圳海关查获胎牛血清案

2019 年 3 月，深圳湾海关查获一批未经检验检疫的胎牛血清，共 33 瓶、3000 毫升。该关在通过 X 射线机对入境旅客行李进行图像分析时，发现一名旅客的行李箱内整整齐齐地摆放着数十个瓶子样物体，于是请当事人开箱检查。经查，海关关员发现行李箱内有数十个塑料瓶包装的橙红色物品，均呈半解冻状态。经确认，该批物品为胎牛血清，共 33 瓶，其中规格为 3 瓶 500 毫升、30 瓶 50 毫升，共计 3000 毫升。当事人无法提供任何检疫证书，按照《中华人民共和国进出境动植物检疫法》及其实施条例，对该批胎牛血清作截留销毁处理。

4. 郑州海关查获违法邮寄黑腹果蝇案

2021 年 5 月，郑州海关所属邮局海关在邮递渠道从境外邮包中查获大量活体昆虫，经鉴定为黑腹果蝇。该批果蝇面单申报为"玉米粉"，被分装于 57 支指型管中，内有幼虫、成虫、虫卵和果蝇所需的营养成分等，虫体总数量超 6000 头。这也是郑州海关查获外来物种数量最多的一次。根据《中华人民共和国生物安全法》《中华人民共和国进出境动植物检疫法》《中华人民共和国禁止携带、邮寄进境的动植物及其产品名录》等相关规定，果蝇属于名录所列第三条第十二款"害虫"，未经检疫审批不得通过携带、邮寄等方式入境。该关已按照相关法律规定，对该批果蝇实施截留并作进一步处理。

（二）北京海关查处进境实验动物未按规定调入隔离场案

2019 年 12 月，某公司未经海关允许，对口岸检查放行后的 SPF 小鼠运送至隔离场以外的其他地址临时存放，被北京海关查获，构成未将动物按规定调入隔离场的行为。

根据《进境动物隔离场使用监督管理办法》第三十一条规定，动物隔离检疫期间，隔离场使用人有下列情形之一的，由检验检疫机构按照《进出境动植物检疫法实施条例》第六十条规定予以警告；情节严重的，处以3000元以上3万元以下罚款：一是将隔离动物产下的幼畜、蛋及乳等移出隔离场的；二是未经检验检疫机构同意，对隔离动物进行药物治疗、疫苗注射、人工授精和胚胎移植等处理；三是未经检验检疫机构同意，转移隔离检疫动物或者采集、保存其血液、组织、精液、分泌物等样品或者病料的；四是发现疑似患病或者死亡的动物，未立即报告所在地检验检疫机构，并自行转移和急宰患病动物，自行解剖和处置患病、死亡动物的；五是未将动物按照规定调入隔离场的。该关对涉案公司处以警告。

（三）北京海关查处未依法办理审批动物血浆案

2021年5月22日，北京海关所属中关村海关在对某公司申报品名为"SPF级小鼠血浆"实施查验时发现，该批货物随附的出口国（地区）官方卫生证书未能证明该血浆来源为SPF级小鼠。根据《关于推广京津冀沪进境生物材料监管试点经验及开展新一轮试点的公告》（质检总局2017年94号公告）要求，该批血浆应归入二级风险生物材料，需要办理进境检疫审批，但该批货物并未提前办理相关审批手续。

根据《进出境动植物检疫法实施条例》第五十九条第一项规定，"有下列违法行为之一的，由口岸动植物检疫机关处5000元以下的罚款：（一）未报检或者未依法办理检疫审批手续或者未按检疫审批的规定执行的"，对该公司处以2500元罚款。

三、原因分析及对策

（一）法律意识淡薄

动物遗传物质和细胞、器官组织、血液及其制品等生物材料均被列入我国禁止携带、邮寄进境的动植物及其产品名录，进出境旅客未经相关机构审批许可，禁止携带进境。近年来，全国多个口岸均有在旅检、邮件、快件渠道查处非法携带、邮寄生物材料入境的案例。由于部分科研人员对动植物检疫法规不熟悉，不知道需要办理动植物检疫审批；或守法意识淡薄，为单方面选择直接携带或邮寄入境，试图蒙混过关。

为此，各地海关均开展"国门生物安全进校园"等活动。鉴于科研单位项目负责人及学生流动性较大，应与进口单位科研支撑服务部门建立沟通机制，定期开展普法宣传活动。

（二）部分商品需求缺口大

胎牛血清等生物材料属于生物医药研发领域不可缺少的基础材料，由于国内需求缺口较大，不法商人为牟取高额利润，以伪报瞒报等方式非法引进未经准入的胎牛血清等昂贵生物材料。

海关在严格执法打击走私和非法携带的同时，从源头解决问题，积极保障胎牛血清供应。2014年，从大洋洲进口牛血清检出牛病毒性腹泻阳性后，先后暂停与这两个国家的贸易，国内市场出现"血清荒"，进口牛血清价格暴涨5倍，水货、假货横行，为稳定供应，动植物检疫司制定过渡期政策，尽快恢复了进口牛血清贸易。2016年，在上述两个国家牛血清暂停贸易的情况下，针对中国科学院、北京生命科学研究所生物科研急需胎牛血清问题，动植司采取特许进口方式，解了科研单位的燃眉之急。

（三）公众对入境检疫要求理解不清

进境生物材料是经风险评估，按照风险高低进行的分级。同一类型货物，按来源、加工工艺等不同，归入不同风险级别。由于生物材料范围广、情形复杂，即使已制定《进境生物材料风险级别及检疫监管措施清单》，在某些具体情况下，仍难以一一对号入座。比如《进境生物材料风险级别及检疫监管措施清单》规定，"一般动物细胞系为二级风险，而来源于商品化细胞库（ATCC、NVSL、DSMZ、ECACC、KCLB、JCRB、RIKEN）的动物传代细胞系为四级风险"。在国外某大学购入ATCC细胞系，经传代和转染后再进口至中国，进口人对风险等级认定就易出现偏差。相比简单的网络公示，一对一政策辅导更有利于防范生物风险，如北京海关就建立了动植处—中关村海关—科研一线的立体化政策服务体系，在维护国门生物安全的同时，也保障了生物材料顺畅进口。

第十一节
进境生物材料监测计划

—————◇—————

一、进境生物材料监测的重要意义

2020 年 6 月 2 日，习近平总书记主持召开专家学者座谈会并发表重要讲话，强调"要强化底线思维，增强忧患意识，时刻防范卫生健康领域重大风险"，"要把增强早期监测预警能力作为健全公共卫生体系当务之急"，"要完善传染病疫情和突发公共卫生事件监测系统，改进不明原因疾病和异常健康事件监测机制，提高评估监测敏感性和准确性，建立智慧化预警多点触发机制，健全多渠道监测预警机制，提高实时分析、集中研判的能力"。

《中华人民共和国生物安全法》明确规定，国家建立生物安全风险监测预警制度。据统计，在近 30 年人类新发传染病中，75% 来自动物源性病原体。全面实施进出境动物疫病风险监测，健全海关进出境动物疫病风险监测预警体系，是深入贯彻落实习近平总书记重要讲话精神的必然要求，也是落实《中华人民共和国生物安全法》的应有之义。必须从落实总体国家安全观、维护国家安全的战略高度，全面加强进出境动物疫病风险监测工作，升级进出境动物疫病风险监测体系，构建科学高效的进出境动物疫病风险监测预警机制，优化完善监测网络，增强风险研判和预警能力，进一步筑牢口岸检疫防线。

为深入贯彻习近平总书记重要讲话精神，有效落实《中华人民共和国生物安全法》，进一步健全海关进出境动物疫病风险监测预警体系，提高监测敏感性和准确性，严防动物疫病传入传出，有效维护国门安全、农业生产安全和人民身体健康安全，海关总署制订了《国门生物安全监测方案（动物检疫部分）》。进境动物源性生物材料应按照系统查验指令和《国门生物安全监测方案（动物检疫部分）》要求开展动物疫病监测。

二、进境生物材料监测的指导思想

以习近平新时代中国特色社会主义思想为指导，深入贯彻习近平总书记关于加强国家生物安全风险防控和治理体系建设的重要讲话精神和党的二十大精神，坚持总体国家安全观，贯彻落实《中华人民共和国生物安全法》，通过风控系统和实验室系统实现检测数据自动采集和分析，提高监测敏感性和准确性，建立智慧化预警多点触发机制，织牢织密生物安全风险监测预警网络，健全监测预警体系，提升末端发现能力，促进进出境动物检疫治理体系和治理能力现代化，切实筑牢国家生物安全屏障，维护国门生物安全，服务经济社会发展。

三、进境生物材料监测的工作原则

（一）坚持依法行政

严格执法、依法行政是实现海关进出境动物检疫治理体系和治理能力现代化的必然要求，必须运用法治思维法治方式，构建系统完备、科学规范的海关进出境动物疫病风险监测体系，依法依规实施监管。动物疫病监测过程及对监测结果的处理应符合《中华人民共和国生物安全法》《中华人民共和国进出境动植物检疫法》和《中华人民共和国动物检疫法》等法律法规规定，确保在法治轨道上统筹推进动物疫病监测各项工作。

（二）坚持科学引领

在风险分析的基础上，遵循世界动物卫生组织发布的相关疫病监测技术指南，按照我国强制性技术法规和国家标准要求，借鉴发达国家或地区疫病监测的经验做法，全面总结参考历年进出境动物疫病风险监测情况，评估国内外动物疫病流行态势，制订和调整监测指南和年度监测计划。

（三）坚持前瞻思维

严格遵循预防为主的动物疫病防控理念，密切跟踪全球动物疫病发生和发展态势，服务国家生物安全长远规划，在全面科学开展风险分析的基础上，及时对新发疫病、具有潜在跨境传播风险的动物疫病进行监测，实现对各种风险因子的"早识别、早监测、早预警、早处置"。

（四）坚持可行高效

按照全国通关一体化"中心—现场式"基本业务架构，将进出境动物疫病风险监测工作全面纳入风险防控中心和现场海关作业框架体系，统一布控指令、统一监测疫病、统一采样标准、统一判定依据、统一处置措施，提高疫病监测工作的精准性、可操作性和经费使用的高效性。

四、进境生物材料监测的工作依据

（一）《中华人民共和国生物安全法》；

（二）《中华人民共和国进出境动植物检疫法》及其实施条例；

（三）《中华人民共和国动物防疫法》；

（四）国家中长期动物疫病防治规划及重点动物疫病净化、消灭计划；

（五）世界动物卫生组织发布的《陆生动物卫生法典》《陆生动物诊断试验和疫苗手册》《水生动物卫生法典》《水生动物疫病诊断手册》；

（六）中国与其他国家或地区签订的双/多边检疫协议。

五、监测目的与适用范围

（一）监测目的

进境生物材料疫病监测是进出境动物检疫监管的重要基础和有效手段，是海关检验检疫工作体系的重要组成部分，疫病监测结果是评价进境生物材料是否合格的重要依据，也是对原产地国家或地区动物疫病卫生状况进行评价、制修订双边检疫议定书，以及对进境生物材料采取风险预警和快速反应的重要决策参考。

（二）适用范围

动物源性生物材料是指为科研、预防、诊断、注册、检验、保藏等目的进口的，可能造成动物疫病传播风险的微生物、寄生虫；动物组织、细胞、分泌物、提取物；动物器官、排泄物、血液及其制品、蛋白；由上述材料制成的培养基、诊断试剂、酶制剂、单（多）克隆抗体、生物合成体、抗毒素、细胞因子等生物制品，以及 SPF 级及以上级别的实验动物。

六、主要工作内容及要求

(一) 监测计划制订

1. 制修订依据

进境生物材料监测计划制修订依据包括境内外动物疾病流行情况、上年度进境生物材料监测情况、主要进口国家或地区对生物材料中疫病监测要求及变化情况，以及海关总署认为需要关注的其他情况。

2. 监测计划的内容

进境生物材料监测计划应当包括但不限于以下内容：监测的生物材料类别、疫病种类、监测频率、监测周期；抽样方案、采送样要求以及检测任务分配计划；相关项目的检测方法，列明复检实验室和判定的依据、标准；结果上报、不合格结果处置程序及要求。

3. 监测周期

自海关总署年度监测计划下发之日起至当年 11 月 30 日为一个监测周期。在新的年度监测计划下达之前，监测工作按照上一年度的要求实施。

4. 监测疫病的确定

监测疫病分为重点监测疫病、一般监测疫病、潜在风险疫病、指令检查疫病。

重点监测疫病：经过风险评估，显示存在较高跨境传播风险，并在进境生物材料检疫过程中重点关注的疫病，主要关注具有较高传入风险的一类动物疫病、国内制订消灭计划的二类疫病、重要的人畜共患病、既往进出口贸易中检出率较高的双边议定书中要求检测的动物疫病、既往监测计划中检出率较高的潜在风险疫病。在《年度监测计划》中标注"ê"。

一般监测疫病：为监测和研判进境生物材料疫病传播风险而在年度监测计划中列明的监测疫病，其监测结果为确定重点监测疫病提供决策参考。主要关注双边议定书或输入方检疫卫生要求中规定需要检测的动物疫病（已纳入重点监测的疫病除外）。在《年度监测计划》中标注"●"。

潜在风险疫病：在风险分析的基础上，对具有潜在跨境传播风险的疫病开展监测，其监测结果为确定重点监测疫病及议定书修订提供决策参考。主要关注新发动物疫病、有证据提示输入国家或地区可能发生的动物疫病。在《年度监测计划》中标注"○"。

指令检查疫病：根据疫病监测和风险分析情况，海关总署实施风险预警快速响应，及时下发风险预警通报，开展特定疫病监测，实现对疫病监测计划的动态调整。各直属海关应加强进出境动物疫病被动监测工作，强化口岸查验、日常巡查和隔离检疫等环节的临床检查，发现进境生物材料（SPF 级及以上级别实验鼠等）有不明原因死亡或疫病临床症状等异常情况，应根据临床症状和病理变化及时调整检查疫病项目监测作业指令，采集相应样本（如血样、组织样品、分泌物、排泄物等），开展实验室检测工作。

5. 监测样本数量

综合考虑置信度、疫病流行率、检测方法敏感性等流行病学和生物统计学因素，根据世界动物卫生组织有关概率抽样的基本原则和计算方法，计算进境生物材料的监测样本数量。置信度、疫病流行率和检测方法敏感性等参数设置在进境生物材料的《年度监测计划》中确定。

样品采集与送检

（1）样品采集。

样品的采集和运送应按照《出入境动物检疫采样》（GB/T 18088—2000）和《出入境动物检疫实验样品采集、运输和保存规范》（SN/T 2123—2008）执行，确保采集样品具有代表性，防止采样过程交叉污染。具体采样的时间、规则、频率和方式，在进境生物材料的《年度监测计划》中明确。采样单位在采样时，应按规定填写《抽/采样凭证》。

（2）采样记录。

样品采集后，应通过实验室管理系统填写送检样品信息，未实现系统联网的，应填写《进出境动物疫病风险监测送（收）样单》。样品应按照实验室要求进行包装，样品编号按照各直属海关现行做法执行。相关代码规则如下：

取样关代码：负责取样的隶属海关的关区代码（4 位）。

动物种类代码：填写进境生物材料对应的种类代码。

取样日期：按照年月日格式，共由 8 位数字构成。

样本序号：按同类生物材料取样的先后顺序编号，共由 3 位数字构成。

（3）送样。

送样单位应填写《进出境动物疫病风险监测样品标签》，并加贴在样品外包装上。监测样品一般送本直属关区检测实验室检测（《年度监测计划》中明确其他实验室承检的除外），工作时限按照《年度监测计划》和相关文件要求执行；对本直属关检测实验室不能检测的项目，送检单位将样品送至其他直属关实验室检测，检测费用由送样单位承担。

对按生物统计学方法计算监测样本数量的监测对象，送样单位应按照《年度监测计划》中确定的置信度、疫病流行率参数计算样本数，将需要进行重点监测疫病、一般监测疫病、潜在风险疫病和指令检查疫病检测的样品分类分开放置，并标识清晰。抽取一般监测疫病和潜在风险疫病的检测样本时，应保证样本分布的随机性。

6. 实验室检测

（1）样品的接收：承检实验室接收样品后，立即核查样品实物与记录信息的一致性，确认样品运输时包装未损坏，并通过实验室管理系统确认或在《进出境动物疫病风险监测送（收）样单》上签字确认。如发生样品采集、保存运输不当，无法满足检测要求等情况，检测单位应及时告知送样单位，该批样品不予检测。实验室应妥善保存样品随附原始凭证，规范样品登记记录，保证有效溯源。

（2）样品的检测：承检实验室应按《年度监测计划》中规定方法开展检测，并在规定时间内完成检测工作。需采用其他检测方法的，应符合最新版本的国家标准、行业标准或世界动物卫生组织《陆生动物诊断试验和疫苗手册》《水生动物疫病诊断手册》等相关技术规范要求，并征得送样单位同意。

（3）样品的留存：检测样品应由承检实验室按照《出入境动物检疫采样》（GB/T 18088—2000）和《出入境动物检疫实验样品采集、运输和保存规范》（SN/T 2123—2008）有关规定保存。海关总署有特殊规定的，按有关规定执行。

7. 结果确证

样品的检测结果需要进行复检的，各直属关检测实验室联系海关总署科技发展司，由海关总署科技发展司协调落实复检工作。各直属关检测实验室负责将样品送达复检实验室。对样品有特殊要求的，由检测实验室和复检实验室沟通明确。

（二）监测计划执行

1. 监测计划下达

进境动物及其产品监测计划由海关总署下发，同时将监测计划列明的抽检比例、检测项目、样本数量（或计算参数）等信息提交风险管理部门。风险管理部门通过风控系统将作业指令下达至一线口岸，各级海关按照风控指令要求开展抽采样。在被动监测过程中确定需要抽样送检的，直属海关应通过风控系统下达作业指令。

出境动物及其产品的监测计划由海关总署下发，各直属关在海关总署制订的监测计划基础上，结合关区实际制订本关年度监测计划实施方案，并上报海关总署动植司备案。实施过程中，对于未列入海关总署年度监测计划的产品，可在风险分析的基础上，参照类似产品开展风险监测工作。

2. 监测结果报告

承检实验室应该通过实验室管理系统录入检测结果。如送检单位有需要，则按照有关规定出具检测结果报告单。

检测结果呈阳性的，如检出《中华人民共和国进境动物检疫疫病名录》和《一、二、三类动物疫病病种名录》中一类动物疫病或人畜共患病的，隶属海关应在 2 小时内填写《进出境动物疫病信息通报表》，报直属海关，直属海关应于 1 小时内完成《进出境动物疫病信息通报表》的审核把关，报海关总署动植司并抄送中国海关科学技术研究中心。同时按规定通报当地政府兽医主管部门并配合做好后续处置工作。检出其他疫病阳性的，按照《年度监测计划》中的有关规定上报。

未经海关总署同意，任何单位和个人不得对外公布监测结果。

（三）监测结果处理

1. 不合格处置

进境生物材料检出一类传染病的，连同其同群动物全群退回或全群扑杀并销毁尸体；检出二类传染病、寄生虫病的个体作退回或者扑杀处理，同群其他动物在隔离场或其他指定地点隔离观察。对检出一、二类外的传染病、寄生虫病须上报海关总署动植司，在风险分析基础上采取相应处理措施。

进境生物材料经检疫不合格的，签发《检疫处理通知单》，通知货主或者其代理人作除害、退回或者销毁处理。经除害处理合格的，准予进境。

2. 风险预警

海关总署动植物检疫司根据检出疫病情况开展风险评估，必要时，及时发布风险预警，各直属海关按风险预警规定开展相关疫病的监测。

3. 监测结果汇总分析

各直属海关按《年度监测计划》中规定的时间统计监测结果，完成监测总结报告，于当年 12 月 15 日前报海关总署动植物检疫司并抄送海科中心。报告内容涉密的，按有关保密规定程序传递。

监测总结报告应包括但不限于以下内容：监测计划执行情况、监测结果统计分析、不合格结果处理情况、监测工作存在问题、有关意见和建议等。

七、监测疫病名录

在海关总署发布的《2021 年度进境生物材料疫病监测技术表》中，对牛全血、血清、血浆监测的疫病包括★牛病毒性腹泻、蓝舌病、口蹄疫、牛白血病；对猪全血、血清、血浆监测的疫病包括★非洲猪瘟、猪瘟、口蹄疫、猪水疱病、支原体肺炎、猪繁殖与呼吸道综合征。该名录动态更新。

第十二节
主要法律依据

一、法律依据

（一）《中华人民共和国进出境动植物检疫法》；

（二）《中华人民共和国进出境动植物检疫法实施条例》；

二、法规依据

（一）《进境动植物检疫审批管理办法》（国家质检总局令第 25 号）；

（二）《国家质量监督检验检疫总局关于修改〈进境动植物检疫审批管理办法〉的决定》（国家质检总局令第 170 号）；

（三）《进境动物隔离检疫场使用监督管理办法》（国家质检总局令第 122 号）。

三、规范性文件依据

（一）《关于推广京津冀沪进境生物材料管试点经验及开展新一轮试点的公告》（国家质检总局 2017 年第 94 号公告）。

（二）《关于做好进境动物源性生物材料及制品检验检疫工作的通知》（国质检动函〔2011〕2 号）。

（三）《质检总局关于复制推广自由贸易试验区新一批改革试点经验的公告》（国家质检总局 2016 年第 120 号公告）。

第四章
生物材料生物安全风险管理措施的国际实践

CHAPTER 4

作为医疗产业发展的重要一环，进口动物源性生物材料是各国（地区）政府高度关注的重点之一，如何在严格控制生物安全的同时，保障科研进程的稳步推进，是各国（地区）主管部门需要长期探索的课题。通过查询资料，比较中国与美国、欧盟、澳大利亚等国家或地区对进境动物源性生物材料的监管模式的差异。

第一节
我国生物材料进口管理措施创新政策

按照"安全高效、科学有序、探索创新、稳步推进"的原则，上海通过推行自贸区政策改革创新，最大限度实现了"放管服"，为上海自贸区内生物医药企业带来了实实在在的优惠。

一是改革进境审批制度。完善升级进境动植物检疫许可证管理系统，完成负面清单以外产品的检疫审批，审批流程时限由之前的20个工作日大幅缩减为7个工作日，许可证有效期由6个月延长为12个月。

二是优化进境实验动物检疫模式。进境实验动物在隔离检疫期间，经检验检疫机构批准，可边隔离边开展科学实验，实验结束后对实验动物实施销毁处理，解决了实验动物生长周期与科学研究时间的矛盾，便利了科学研究。

三是促进上海生物产业集聚和科研创新能力提升。在产业发展上，优良的政策加速吸引了大批国际顶尖生物药企在上海投资落户，生命科学研究成果显著，生物产业聚集效应明显；在新型疫苗、重组蛋白药物、分子影像、基因检测等前沿领域，掌握了一批国际领先的先进技术；在科研创新上，便利的政策加速了科研能力提升和科研输出效能，比如，降低进口来自ATCC细胞库细胞系风险级别后，2013—2016年上海运用ATCC细胞库细胞在《细胞》《自然》《科学》等国际核心期刊发表论文数量大幅增加。

四是支持上海生物医药众创平台发展。支持自贸区内企业开展研发众创平台建设，支持科研用实验动物优进优出，降低实验动物用饲料的进口门槛。

五是鼓励国产生物材料走出去。对于输入国家或地区没有注册登记要求的，不再对动植物产品的生产、加工、存放企业实施注册登记；针对性研究境外检疫条款，在做好防范动物疫病的基础上，进行生物安全性评估，积极帮助科研院校参与国际交流。上海繁育特殊品系的转基因小鼠及人工心脏生物瓣膜等生物材料出口取得重大突破，促进上海生物产业供给侧结构性改革。

第二节
世界动物卫生组织相关规则

———————◇———————

世界动物卫生组织，作为一个为保障全球范围内动物健康及公共卫生而诞生的国际组织，持续致力于关注动物福利、收集分析全球动物疾病、制定卫生标准和规则保障动物及动物产品的国际贸易等，并发布了《陆生动物卫生法典》《水生动物卫生法典》《陆生动物诊断试验和疫苗手册》《水生动物疫病诊断手册》四部重要国际标准（本书所讨论的生物材料部分有生物材料的运输、生物安全风险管理标准等），对生物材料的国际贸易起到了有效的指导和约束作用。

一、生物风险评估

生物材料的风险评估是全球在进口生物材料前必经的分析过程，并结合各国（地区）自身情况将生物风险评估广泛应用于生物材料的进口监管领域。

世界动物卫生组织对生物材料的风险分析对全球的监管风险评估起到了良好的指导作用，其大致分为三个阶段：生物危害的鉴定、生物风险的评估以及生物风险的监管。

第一阶段：生物危害的鉴定根据某种生物制剂或毒素是否会对动物或

人类造成健康威胁进行判定，若确定会对进口国（地区）的动物或人类造成影响，则鉴定为存在一定的生物危害风险，进而进入生物风险的评估流程。

第二阶段：生物风险的评估大致从主观因素、客观因素及其影响三个角度进行分析，包括是否存在人为释放的可能性，是否存在暴露风险，是否会对生物、环境及经济造成不良后果等，综合各个情况的发生率确定生物风险的管控等级。

第三阶段：根据风险评估的结果确定进口生物材料的风险管理措施。若风险极大，则建议暂停进口项目；若风险可控，则建议对进口生物材料建立并实施管理控制措施，兼顾管理控制、执行控制、程序控制及个人防护设备等，在风险控制体系的实施进口生物材料项目。

二、生物材料的运输管理

对于生物材料的运输规定，针对的是动物、细胞培养物、人畜共患的微生物和动物微生物以及转基因或合成生物的标本或样本以及生物制品，包括疫苗和试剂等在内的生物材料。为了动物和人类的健康发展，必须保证动物源性生物材料安全、高效、合法地从采集地到最终目的地，因此世界动物卫生组织对于包括传染性物质在内的生物材料的运输有着较为系统、严谨的管理措施，其从整体原则上是基于由联合国危险货物运输专家小组委员会（UN SCETDG）提出的关于危险货物运输的建议，同时受其他国际组织、国际条约或公约以及不同区域或国家法规的约束，例如国际航空运输协会（IATA）、世界海关组织（WCO）、濒危野生动植物种国际贸易公约（CITES）、生物多样性公约（CBD）、名古屋议定书等，并且处于动态调整的状态。

世界动物卫生组织综合了各个国际组织的条约及公约要求，从责任划分、生物材料的分类及运输名称归类、包装要求以及其他要求等方面，对生物材料的境内及境外运输提出了详细的监管建议，并形成了明确生物材料运输需求的流程图。

（一）责任划分

世界动物卫生组织要求参与生物材料运输流程的所有人员建立培训机制，包括发件人、物流供应商、承运人、发件人等，以及参与包装、加贴标签等环节的其他人员，必须经过一定时长的培训，通过培训考核才能上岗。

在运输生物材料之前，发件人、承运人及收件人应当就需运输的生物材料做好预沟通、预协调，落实各方主体责任，包括生物材料的限制数量、标识、包装温度、适用材料准备、运输路径、运输过程中的安全预防措施、风险预警方案及应急方案等，具体明确如下。

1. 发件人方面

（1）确定拟运输生物材料的运输名称和分类、数量限制、包装方式（注意温度控制）、标识标签。

（2）确定拟运输生物材料为非禁止运输货物。

（3）针对拟运输生物材料准备正确且完整的适用文件，包括许可文件、运输文件、官方证明材料等。

（4）根据情况需要填写危险品申报单。

（5）安排好运输方式后，将预计到达时间告知收件人。

（6）与承运人或货运代理人协调，确定最优运输路径，并提供空运提单。

（7）与收件人协调，尤其是进口国（地区）所需的进出口许可证。

2. 承运人方面

（1）确定最优运输路径，当生物材料需要转运时，必须采取预防措施确保转运过程中的安全和高效。

（2）必要时，采用验收清单的方式，验证拟运输生物材料是否符合标识标签及文件要求。

（3）协助发件人，采取正确的包装方式和优化运输路径，并提供跟踪货物运输流程的方式。

（4）维护运输及装运文件。

3. 收件人方面

（1）从进口国（地区）获得必要的进口许可材料。

（2）向发件人提供所需的进口许可证、授权书或出口国（地区）要求的其他文件。

（3）及时接收生物材料并通知发件人。

（4）配合发件人和承运人完成其他事宜。

除了上述内容，根据国际民航组织（ICAO）和世界海关组织联合手册中的航空安全框架，生物材料的运输链还涉及其他参与角色和利益相关者，在具体运输操作中，也应当注意协调和沟通。

这里还需要特别提到世界动物卫生组织在附录中特别提供的生物材料转让协议（MTA）。根据名古屋议定书，MTA旨在建立一个实验室之间开放交流的平台，在形成转让协议的条件下，保护所有相关方的利益，保护知识产权，明确第三方责任，明确生物材料的潜在用途和商业价值，并且确定财产所有权，避免潜在不利影响。同时世界动物卫生组织建议在专业法律人士的指导下，根据个体情况和地方法律要求使用该转让协议，以便维护自身利益。

（二）生物材料的分类和归类

运输生物材料前，首先必须确定该生物材料是否被归类为危险品。若拟运输生物材料可能危害人类、动物和其他生物、财产或环境等，则被归为危险品类别，需按照联合国关于危险品的监管法规，确定危险品编号和运输名称，并根据分类要求，采用指定的包装材料和包装方式。例如本文讨论的生物材料中，感染性物质被归类为危险品，并酌情归入UN 2814、UN 2900、UN 3373或UN 3291等，不归为感染性物质A类及B类的转基因微生物（GMMO）和转基因生物（GMO）被归类为危险品第9类，编号为UN 3245。大致情况如表4-1所示。

表4-1　几种常见生物材料的分类和归类

危险品分类	感染性物质分类	运输名称	UN编号	包装类型
6类	A类	感染性物质，可感染人	UN2814	P620
		感染性物质，仅感染动物	UN2900	
6类	B类	生命物质B类	UN3373	P650
6类	豁免物质	豁免物质	—	三重包装
不适用危险品	不适用危险品	—	—	—
9类	不属于感染性物质A类和B类的转基因微生物和转基因生物	转基因微生物；转基因生物	UN3245	P904

（三）生物材料的包装

所有生物材料都应按照所在国家或地区和国际法规的要求进行包装和运输，在运输过程中，应当保护生物材料的完整性，避免交叉污染，采用有效的保温措施和防泄漏包装以防生物材料运输延迟，保证实验室检测的正常进行，将从事运输的人员的暴露风险降至最低，并保护环境和易感动物种群免受暴露风险。生物材料运输的最低要求需遵循三重包装原则，分别为主容器、二级包装及外包装，其中二级包装或外包装为刚性要求。

第三节
美国生物材料防疫措施

————◇————

作为现代生物技术的发源地，美国现代生物产业处于世界领先地位，其生物技术公司数量约占全球数量的一半。根据美国政府各部门的分工协作安排，对于动物源性生物材料的进口监管主要涉及农业部及国土安全部，其中由美国农业部下属机构动植物卫生检验局（APHIS）联合国土安全部下属机构海关边境保护局（Customs and Border Protect，CBP）负责监控外来物种、外来动植物疫病的入侵和传入以及美国国内野生动物及家畜疫病，监管边境动物疫情，保护美国公共卫生健康和农业以及自然资源的安全，同时负责若干进出口相关业务，以促进国际贸易提升美国国民经济。本文所提及的动物源性生物制品属于进境动物及动物产品，由美国农业部动植物卫生检验局负责监管。

一、美国对生物材料的定义及监管

实验动物（鼠、兔、仓鼠、猪等）组织、DNA、提取物、蛋白、抗体及抗血清的进口可以申请年度大证（blanket permit）；科研用含动物源成分成品试剂盒无须进口证件；诊断用试剂盒需要研究评估许可。

二、生物安全风险

海关边境保护局作为美国口岸的第一道防线，对货物的价格、税率、标签标识、数量、违禁、毒品等情况实施查验，但不涉及生物安全。美国农业部动植物卫生检验局按照风险评估及风险分级管理的原则对进境动物源性生物制品进行监管，首先是考核分析产品来源区域的动物健康状况，根据原产地的动物疫情，限制一些动物及其制品的进口，再依据生产加工工艺对生物材料实施风险分级管理。未经加工的物料风险等级最高，在监管时综合考虑物种、组织及来源国（地）等信息；风险等级较低的是经过灭活处理或纯化的加工物料，例如加热、调节 pH 值、辐照等；风险等级最低的是动物源性生物制品成品。

根据风险分析，美国农业部动植物卫生检验局对进口动物源性材料实行分级管理。需要在进口前办理许可的生物材料包括动物组织、血液、家畜或家畜来源的细胞或细胞系、DNA/RNA 提取物、激素、酶、用于非人类动物体内的单克隆抗体、抗血清、试剂盒以及包括细菌、病毒、真菌等在内的微生物。但是，从生物安全风险控制及促进美国发展的角度来看，在限定条件下，对部分产品实行免于办理进口许可证的便利措施，如非人源性的灵长类动物源性材料（细胞培养除外）、犬猫来源的生物材料、科研用途的转基因/基因敲除的啮齿类实验动物及其生物材料，以及用于动物体外的非家畜来源的细胞培养物、细胞系、细胞提取物等。

未加工材料的风险主要根据来源［包括物种类别、组织、原产国（地）］；加工材料的风险主要根据加工方式（灭活工艺步骤，纯化情况）；成品的风险主要根据用途（是否用于实验室科研）。

三、风险管理措施

生物风险管理需要了解和评估生物风险，并采取措施准备、预防和加以应对，无论它们是来自美国本土还是国外。这项工作还需要国际共识，即风险是全球性的，以促进有效的集体缓解。在高度互联的世界中，问题的关键不在于下一次生物事件会不会发生，而是会在何时发生。

以下为美国农业部动植物卫生检验局官方网站上发布的不需要进口许可证生物材料的指南。

（一）人用和兽用药物和疫苗（2020 年 10 月更新）

本指南适用于：人用药品、批准的活性药物成分、非处方（OTC）药物专论、人用疫苗、人用医疗器械（包括 510k 和空采血管）、兽药和兽用医疗器械（包括 510k 和空采血管）、经美国食品药品监督管理局（FDA）批准，含有动物源性成分。

FDA 批准的活性药物成分（API）仅来源于或含有明胶和/或乳糖。

兽用医疗器械，包括但不限于空的血液收集管和 510k 医疗设备。

FDA 对兽用器械进行监管，如果兽用器械贴错标签或掺假，可以采取适当的监管行动。这些物品的制造商和/或分销商有责任确保这些兽用器械在进口到美国之前是安全、有效和贴有正确标签。所有兽用器械的标签应清楚表明它们仅供动物使用。

本指南不适用于：非 FDA 兽用疫苗或兽医诊断检测试剂盒、抗毒液、膳食补充剂、非空兽用血液采集管、营养食品、FDA 批准的检测试剂盒、检测试剂盒试剂、检测试剂盒组件、体外试剂，包括但不限于牛血清、单克隆抗体、细胞系、培养基、转运培养基和非 FDA 批准的原料药和疫苗活性成分。

介绍：源自任何动物的材料可能受美国农业部法规的约束，并且在进入美国之前必须由 CPB 专家/检查员在美国抵达港口清关。可能将国外畜禽疾病传入美国的动物材料需要美国农业部进口许可证。但是，含有动物源成分并经 FDA 批准的人用药品、人用医疗器械、经批准的活性药物成分（通常散装运输）、疫苗、兽药和兽医监管的医疗器械可以进入美国，不受美国农业部、动植物卫生检疫局和兽医局的限制。

FDA 和美国公共卫生服务局可对人类药物、批准的活性药物成分（通常散装运输）、人类疫苗、兽药和医疗器械拥有主要管辖权。

程序：对于人用药物、批准的活性药物成分（通常散装运输）、非处方药物、人类疫苗、人类医疗器械、兽药和 FDA 监管的散装和/或包装好的兽药，可直接由美国农业部动植物卫生检验局、兽医局批准进口许可证，不需要 FDA 批准。

为了便于正确识别货件并确保及时交付，美国农业部动植物卫生检验局、兽医局建议每件货物需随附以下文件或信息，并提交 CBP 专家审查美国到达港的专家/官员。对于 FDA 批准的人用和/或兽药、人用和/或兽用疫苗以及医疗设备，在外国生产商/托运人信笺上提供的书面声明，包括确认进口的产品已获得 FDA 批准、一份 FDA 批准的商业药品标签。或者根据运输文件中包含的信息，包括发票、舱单或产品标签，CBP 将使用橙皮书中提供的信息来验证 FDA 批准的人用药物或使用绿皮书来验证 FDA 批准的兽用（动物）药物或参考 FDA 网站以验证 FDA 批准的含有动物源成分的人体医疗器械。

提醒一下，对于"FDA 批准的人类疫苗"，在外国生产商/托运人信笺上提供的书面声明，包括：确认进口的产品已获得 FDA 批准；确认散装或最终剂型和/或包装的人用疫苗且仅供人类使用；确认产品不含活畜禽病毒剂；FDA 批准的商业疫苗标签的副本。

APHIS、兽医局建议以外国生产商/托运人的抬头信笺提供此文件，A-PHIS、兽医局进一步建议在每次发货时随附该文件，并作为单独的文件提交给 CBP 农业专家/检查员在美国到达港进行审查。不建议外国生产商/托运人将此文件放在运输集装箱内。

FDA 监管的兽医医疗器械：FDA 对兽医设备（例如 510k 医疗设备和/或空采血管）进行监管。如果兽用医疗器械贴错标签或掺假，FDA 可以采取适当的监管措施。进口的受 FDA 监管的产品在进入时应符合所有适用的法规。所有兽用器械的标签应清楚表明它们仅供动物使用。

（二）非人类灵长类动物材料（不包括细胞培养物）（2014 年 5 月生效）

本指南适用于非人类灵长类动物材料/标本，例如：组织、血液/血液成分、蛋白质、DNA、酶、粪便、体液、激素、肽、RNA、精液、尿液、提取物等。

本指南不适用于：细胞培养物、培养中的组织、杂交瘤及其产品，人体标本，对进口人体标本的监管由疾病控制中心（CDC）负责。

介绍：美国农业部动植物卫生检验局和兽医局对动物源性材料具有管辖权。源自任何动物的材料可能会受到美国农业部动植物卫生检验局、兽医局法规的约束，并且必须在美国到达港由国土安全部海关和边境保护局专家获准进入美国之前清关。如果进口的非人类灵长类动物材料没有接种或接触过任何牲畜或家禽外来动物疾病病原体，则不需要 VS 进口许可证，货物应转交给 CDC。

程序：进口源自非人类灵长类动物的材料不需要动植物卫生检验局、

兽医局进口许可证，前提是该材料未接种或接触过任何家畜或家禽外来动物疾病病原体。必须向 CBP 农业专家/检查员提供文件来确定这一点，其中可能包括：舱单、发票、带有抬头的外国生产商/托运人声明或提供以下信息的其他运输文件；对材料的详细准确描述，并附有物种标识；一份书面声明，确认该材料不是从接种或暴露于任何家畜或家禽外来动物疾病病原体的非人类灵长类动物中获得的。

兽医局建议在货物到达美国到达港后，CBP 专家可以查看此信息。不建议将其放置在运输容器内。如果要进口的非人类灵长类动物材料不能满足这些标准，则可能需要美国农业部进口许可证。

(三) 猫科和犬科动物材料（1998 年 4 月 14 日生效，2006 年 7 月修订）

包括：用于研究目的的精液、血液、组织、血清、粪便、提取物、液体。

不包括：用于生殖目的的精液、细胞培养物、组织培养物、细胞培养产品。

介绍：源自任何动物的材料可能会受到美国农业部法规的约束，并且必须在进入美国之前由国土安全部海关和边境保护局的专家在美国到达港清关授权。可能有将外来动物疾病传入美国的风险的动物材料需要美国农业部进口许可证。但是，未接种或接触过任何家畜或家禽疾病病原体的猫科动物和犬科动物的材料可以进入美国，而不受美国农业部动植物卫生检验局和兽医局的限制。

程序：未接种或接触任何牲畜或家禽疾病病原体的猫科动物或犬科动物来源材料不需要美国农业部进口许可证。为便于正确识别货件并确保及时交付，美国农业部动植物卫生检验局、兽医局建议每件货件随附以下文件：一份识别材料并命名动物物种的书面声明；一份书面声明，确认该材料不包含任何其他动物源性材料（不包含任何家畜或家禽源性材料）；一份书面声明，确认该材料并非来自接种或暴露于美国农业部农业关注的任何传染性病原体的猫科动物或犬科动物。

美国农业部动植物卫生检验局、兽医局建议使用外国生产商/发货人的信笺提供此文件，信笺包含外国生产者/发货人的实际地址。美国农业部动植物卫生检验局、兽医局进一步建议该文件应以清晰简洁的方式编写，随每批货物一起提供，并作为单独的文件提交给美国到达港的 CBP 官员进行审查。不建议外国生产商/托运人将此文件放在运输集装箱内。

如果要进口的猫科动物或犬科动物材料不符合这些标准，则可能需要美国农业部进口许可证。

（四）活体实验室哺乳动物及其材料（用于研究目的）（上次更新于2020年7月）

本指南适用于以下情况：用于研究目的的转基因/基因敲除小鼠和大鼠、仓鼠、沙鼠、豚鼠、兔子、雪貂及其血液、组织、DNA、提取物、抗体、粪便、血清和抗血清。（血液、血清、抗体和抗血清限制在1升以内）

本指南不适用于以下情况：灵长类动物、狗、猫、家畜、家禽、刺猬、马岛猬、小型猪、单克隆抗体、杂交瘤、细胞系和用于商业目的的材料。

介绍：源自任何动物的材料可能受美国农业部法规的约束，并且在进入美国之前必须由国土安全部海关边境保护局专家在到达港清关监管。但是，美国农业部对进口未接种或接触过美国外来的任何家畜或家禽疾病病原体的活体实验室动物或实验室哺乳动物材料没有监管权。

疾病控制和预防中心对活的实验室哺乳动物及其可能具有传染性的材料具有管辖权。美国农业部动植物卫生检验局、植物保护和检疫局（PPQ）监管植物和其他植物物质的进口。如果运输笼中装有任何植物或蔬菜，包括但不限于马铃薯、胡萝卜、杂物或干草，进口商必须联系PPQ许可证部门，以确定是否可以允许其进入。必须由CBP专家在到达港从笼子中取出禁用的蔬菜物质。

源自啮齿类动物和其他小型哺乳动物的材料：未接种或接触过任何外来家畜或家禽疾病病原体，并且并非来自与影响牲畜或鸟类物种的外来疾病病原体一起工作的设施进行，可以在没有美国农业部动植物卫生检验局、兽医局服务限制的情况下进口。

程序：进口活的实验室哺乳动物不需要美国农业部许可证，前提是哺乳动物没有接种或接触任何外来家畜或家禽疾病病原体，并且不是来自与影响牲畜或禽类的外来疾病病原体一起工作的设施中进行。为了便于正确识别货件并确保及时交付，美国农业部动植物卫生检验局、兽医局建议每件货件随附以下文件：一份书面声明，确认活的实验室哺乳动物没有接触或接种美国外来的任何家畜或家禽疾病病原体；以及一份书面声明，确认装载活实验室哺乳动物的设施设备无影响牲畜或家禽的外来疾病病原体。

进口实验室哺乳动物材料不需要美国农业部的许可证,前提是该材料来自未接种或暴露于任何外来家畜或家禽疾病病原体的实验室哺乳动物,并且不是来自与外来动物一起工作的设施传播影响牲畜或鸟类的病原体。为了便于正确识别货件并确保及时交付,美国农业部动植物卫生检验局、兽医局建议每件货件随附以下文件:一份识别材料并命名动物物种的书面声明;一份书面声明,确认该材料仅来自未接种或接触过美国外来的任何家畜或家禽疾病病原体的实验室哺乳动物;一份书面声明,确认该材料仅来自实验室哺乳动物,而这些哺乳动物并非来自从事影响牲畜或鸟类物种的外来疾病病原体工作的设施;以及另一份书面声明,用于识别抗体/抗血清的免疫原(如果适用)。

美国农业部动植物卫生检验局、兽医局建议使用外国生产商/发货人的信笺提供此文件,信笺包含外国生产者/发货人的实际地址。美国农业部动植物卫生检验局、兽医局进一步建议,该文件应以清晰简洁的方式编写,随每批货物一起提供,并作为单独的文件提交给美国到达港的 CBP 专家进行审查。

(四)两栖动物、鱼类、爬行动物、贝类和水生物种(包括毒液)(2019 年 9 月修订)

本指南适用于:来自这些物种的两栖动物、鱼类、爬行动物、贝类、水生物种和/或其材料,例如:血液、软骨素、胶原蛋白、乳液、提取物、粪便、液体、明胶、葡萄糖胺、油、组织、血清、尿液和毒液。

本指南不适用于:红虫、抗蛇毒血清、水解物、饲料[例如易感鲤春病毒血症(SVC)的国家或地区的鱼粉]。

介绍:源自所有动物的材料可能受美国农业部法规的约束,并且必须由国土安全部海关和边境保护部农业专家/检查员在到达港批准才能进入美国。对于有输入性动物疫病风险的动物材料需要美国农业部、APHIS、兽医局出具进口许可证。但是,未接种或接触过任何家畜或家禽疾病病原体或抗原的上述动物的材料不受美国农业部的限制,可以进入美国。

注意:美国鱼类和野生动物管理局对《濒危野生动植物种国际贸易公约》(CITES)所列动物的进口具有管辖权。

程序:向 CBP 专家/检查员提供的文件包括舱单、发票、带有抬头的外国生产商/托运人声明或提供以下内容的其他运输文件，该类型的动物产品无须美国农业部兽医局进口许可证信息：产品类别、产品的来源动物。

如果两栖动物、鱼类、爬行动物、贝类、水生物种和/或其材料不符合这些标准，则可能需要美国农业部的进口许可证。

（五）微生物纯化后的材料（2014 年 5 月修订）

本指南适用于：微生物纯化后的材料，例如：酶、质粒、蛋白质、激素、提取物、噬菌体和/或 DNA。

介绍：源自任何动物的材料，或用动物产品或微生物提取物生产的材料，可能受美国农业部法规的约束，并且必须由国土安全部海关和边境保护局的农业专家/检查员在进入美国之前，由到达港的检查员监管。含输入性动物疫病的动物材料需要美国农业部进口许可证。但是，不表达外来家畜和/或家禽疾病病原体物质的微生物（通常是大肠杆菌或酵母菌）可以不受美国农业部限制进入美国。

程序：向 CBP 专家/检查员提供的文件包括舱单、发票、带有抬头的外国生产商/托运人声明或提供以下信息的其他运输文件，则该类产品不需要美国农业部兽医局进口许可证。提供的信息包括：对材料的准确描述；声明（如果适用），表明材料是通过微生物发酵生产的；声明该制剂不含任何动物源性添加剂，如白蛋白；如果该制剂包含动物源性添加剂，则声明含该添加剂产品将仅在体外使用。

此信息必须可供 CBP 专家/检查员在到达港查看。如果要进口的材料不能满足这些标准，则可能需要美国农业部进口许可证。

（六）重组微生物及其产品（1998 年 10 月生效，2007 年 6 月修订）

本指南包括：微生物（细菌、病毒、酵母菌/真菌）、蛋白质、激素、提取物、质粒、DNA、RNA。

本指南不包括：通过细胞培养技术生产的材料。

介绍：源自任何动物或用动物产品或微生物提取物生产的材料可能受美国农业部法规的约束，并且必须在进入港口之前由美国农业部检查员进行检查。任何可能造成将外来动物流行病引入美国的风险的材料都需要美国农业部许可。然而，重组非致病细菌/酵母（如大肠杆菌和酿酒酵母）

及其产品与家畜或鸟类物种或致病因子无关，并且不含动物产品，如白蛋白或血清，可以在没有美国农业部兽医限制的情况下进入该国。

程序：如果运输文件中提供以下内容，则重组微生物或其产品不需要美国农业部的兽医进口许可证。提供的内容包括：微生物/重组产品的详细名称或描述，包括基因插入；对于重组产品，货物声明，确认材料是通过重组微生物表达生产的（载体不得被认为对家畜或禽类具有致病性），并且该生物体不包含基因或表达家畜或家禽疾病病原体的抗原；声明该制剂不含任何动物源性添加剂，如白蛋白；如果该制剂包含动物源性添加剂，则声明该添加剂并声明该产品将仅在体外使用。

上述信息应以清晰简洁的方式随每批货物一起提供，并可供美国农业部检查员在到达港监管。建议将单独的备忘录或信件包含在运输文件中，例如美国海关申报单和发票。如果未提供上述信息，发货将受到延误。如果要进口的材料不能满足这些标准，则可能需要美国农业部的进口许可证。

（七）非致病性微生物（及其提取物）（2014 年 11 月 7 日生效）

本指南包括：环境或水生物，如藻类。

介绍：微生物可能受美国农业部法规的约束，并且在获准进入美国之前必须在到达港由 CBP 检查员进行清关。任何已知会导致牲畜或家禽传染性、传染性或传染性疾病的微生物都需要美国农业部许可。但是，非致病细菌、病毒、藻类或酵母菌（真菌）可以在没有美国农业部兽医局限制的情况下进口到该国。

程序：如果运输文件中提供以下内容，则不需要美国农业部兽医局进口许可证。提供的内容包括：微生物的详细描述（属和种）；表明该微生物不被认为对家畜或家禽具有致病性的书面声明。

该信息应以清晰简明的方式作为生产商/发货人信笺抬头的声明提供，并可供美国农业部检查员在到达港审查。如果要进口的材料不能满足这些标准，则可能需要美国农业部进口许可证。

细胞培养物/细胞系、重组细胞培养物/细胞系及其产品（体外使用）。

本指南包括：非源自家畜的单克隆抗体、细胞培养上清液、腹水、细胞提取物、杂交瘤、细胞培养物/细胞系。

本指南不包括：家畜细胞系及其产品、微生物培养物及其产品。

介绍：源自所有动物的材料可能会受到美国农业部动植物卫生检验局和兽医局的监管，并且必须在美国农业部的抵达口岸通过检查员才能进入美国获得批准。来自动物的材料可能会带来将牲畜疾病引入美国外来疾病的风险，需要美国农业部动植物卫生检验局、兽医局的许可证。

细胞系和其他细胞系产品，包括单克隆抗体，该产品：并非源自家畜或鸟类；供体外使用；没有接触过美国外来的牲畜或禽类疾病病原体；不产生抗原或含有牲畜或禽类疾病病原体的基因，也不产生针对牲畜或禽类病原体的单克隆抗体。

可以在没有美国农业部许可的情况下进口。此外，用于人体体内使用的单克隆抗体不需要许可证。然而，来自家畜或鸟类物种的细胞系、来自任何物种的细胞系，将用于体内使用，以及任何物种的细胞系可能已经暴露于外来家畜或禽病需要美国农业部、兽医局的进口许可证。

程序：细胞系、其他细胞系产品，包括单克隆抗体，如果货件附有以下物品，则不需要美国农业部兽医局的进口许可证：发货人/生产商声明，包括细胞系或该细胞系的其他产品的成分（包括单克隆抗体）；单抗的使用对象。

该产品用于体外使用还是用于人体体内使用；装载该产品的设施设备不含能感染牲畜和鸟类物种的外来病毒；该产品不是重组的或该产品是重组的但不含不表达外来家畜或家禽疾病病原体的毒力基因。如果材料不能满足这些标准，则可能需要美国农业部进口许可证。

（八）包含动物源性成分的自给式检测试剂盒（2013 年 2 月）

介绍：检测试剂盒可能含有少量动物源性成分。大多数检测试剂盒被委托给大学、诊断实验室或制药公司，它们通过高压灭菌和/或焚烧进行处理。因此，适用的进口检测试剂盒对美国动物种群暴露于外来疾病病原体的风险可以忽略不计，并且不需要美国农业部兽医局进口许可证。

程序：不需要美国农业部进口许可证的检测试剂盒套件。

如果货物满足以下条件，则试剂盒套件不需要美国农业部进口许可证，建议货物随附：制造商信笺上的声明，或用作证明的其他信息；检测试剂盒不能诊断动物传染病；测试套件是预先包装好的，随时可以使用。如果要进口的材料不能或不符合本指南的上述标准，则需要美国农业部兽医局或美国农业部进口许可证。

需要美国农业部兽医局进口许可证的检测试剂盒套件和材料：散装运输的测试套件组件；即试剂、校准品、质控品等；培养基（如选择性培养基）、培养皿、过滤装置；不包含所有使用物品和/或未预先包装以备最终销售的套件。

需要美国农业部兽医生物制品中心进口许可证的：可以诊断动物传染病的检测试剂盒，进口用于任何目的或任何类型的研究，需要获得美国农业部兽医局，兽医生物制品、政策、评估和许可中心的研究和评估许可证。需在入境口岸接受监管。

(九) 组织病理学固定载玻片

适用于包含以下组织病理学固定载玻片：未感染的动物材料；感染已知会引起家畜或家禽传染病、传染性或传染性疾病的微生物并固定在 10% 福尔马林中的动物材料；或者感染牛海绵状脑病朊病毒、痒病朊病毒或慢性消耗性疾病朊病毒固定在甲酸中的动物材料。

不包括：不适用于含有口蹄疫病毒或牛瘟病毒的组织病理学载玻片或其他固定载玻片。

介绍：微生物可能受美国农业部的监管，必须在进入美国之前在到达港清关。任何已知会导致牲畜或家禽传染性、传染性或传染性疾病的微生物都需要美国农业部许可。

但是，用 10% 福尔马林固定至少 24 小时的载玻片，或 BSE、Scrapie 或 CWD 朊病毒在 96% 甲酸溶液中固定至少 30 分钟，然后在新鲜的 10% 福尔马林中浸渍至少 45 小时的载玻片，可以在没有美国农业部兽医许可的情况下进口到美国。

对于含有口蹄疫病毒或牛瘟病毒的组织病理切片，进口商必须申请美国农业部进口许可证，包括灭活方法。

程序：如果运输文件中提供以下内容，则进口组织病理学载玻片不需要美国农业部进口许可证。发货人/生产商的声明，其中有对材料的详细和准确的描述。确认载玻片在 10% 福尔马林中至少固定了 24 小时；或带有 BSE、Scrapie 或 CWD 朊病毒的载玻片在 96% 甲酸溶液中固定至少 30 分钟，然后在新鲜的 10% 福尔马林中浸渍至少 45 小时。载玻片不含口蹄疫病毒或牛瘟病毒。

如果要进口的材料不能满足这些标准，则可能需要美国农业部的许可。

美国政府大力扶持生物科技产业，对符合条件的大型生物制药企业特批覆盖许可证，证件范围覆盖多种类型的动物源性生物制品，例如实验室使用的哺乳动物的组织、DNA、抽提物、蛋白、抗血清及抗体等。与国内目前单一产品每次进口均需申请许可证等模式相比，大大简化了审批及进口流程。

第四节
欧盟生物材料防疫措施

———————◇———————

欧盟对于进境动物源性生物材料的监管以农业主管部门为主，各成员国的管理原则及模式大致相同，基于产品出口国家或地区的农业管理水平和防控机制，对来自欧盟、非欧盟的国家（地区）的动物源性生物材料有不同的进口政策。

以英国为例，目前由英国的环境、食品与农村事务部（Department of Environment, Food and Rural Affairs, DEFRA）下属的动植物卫生局（Animal and Plant Health Agency, APHA）为主、边境管理部门（Border-control Post, BCP）为辅，对进境动物源性生物材料实施监督管理。根据英国的风险分级原则，以产品来源国（地区）、动物来源、加工程度、动物源性物质含量及用途等要素对产品类别进行细分，其中对用于教育、实验研究、诊断等非商业用途的动物源性材料，例如血液、体液、细胞培养物、细胞系、抗体、DNA样本、实验室动物等，需提前申请办理许可证并在进口时随附发货商或实验室的声明；对商业用途的动物源性材料，需在进口前完成出口国（地区）及进口国（地区）对屠宰厂或生产加工厂的注册审核；对不含活体微生物的实验室测试用试剂盒类产品可豁免进口证件，不要求进口企业提供发货商声明。针对稳定进口用于体外研究的动物源性实验试剂等产品的企业，采取与澳大利亚相同的模式，对部分信用等级良好的企业特批覆盖许可证，法国也采用了该便利措施。

此外，欧盟很重视物流运输段的合理合法性，尤其体现在运输活动物过程中充分考虑动物福利因素，并将运输活体动物的承运方及驾驶员管理纳入法律监督。

英国根据运输路程及时长对动物运输实行分级管理。第一级是运输路程少于 65 千米，可由个人或公司承运，不需要指定车辆授权和驾驶员持有相关证书，但需要有动物运输的资质，同时驾驶员需要通过运输动物的培训，了解在运输过程中需给予动物足够的活动空间，并定时给动物补给水分；第二级是运输路程大于 65 千米，但时长不超过 8 小时，需由公司为主体承担运输，要求承运公司有满足动物运输福利的内部机制且三年内无相关违规行为，要求驾驶员通过动物运输考核的理论测试即可；第三级是运输时长超过 8 小时，除了上一级的管理要求外，依据法律，需办理承运车辆等许可审批，许可车辆必须配备卫星导航及追踪系统、通风及温控设备，以便在运输过程中，核对行程路径，记录温度变化并保持温度处在 5℃～30℃的适宜温度范围，通风系统可独立于发动机工作不低于 4 小时。另外，对于在极端天气期间运输也有相应要求，例如高温天应增加单位数量动物的活动空间，不得在每天温度最高的时间装载及移动动物，并且增加给水和电解质的频次。

英国已与欧盟达成脱欧协议，根据英国政府官方网站的信息，于 2021 年 1 月 31 日之后对该类产品的进口监管进行了整体调整，不再沿用欧盟的贸易控制和专家系统（Trade Control and Expert System，TRACES），改用英国的产品、动物、食品和饲料进口系统（Import of Products，Animals，Food and Feed System，IPAFFS），同时必须从英国口岸入境，不再承认经欧盟其他口岸入境的合法性，具体政策修订还在不断更新中。

第五节
澳大利亚生物材料防疫措施

◇

澳大利亚由于其独一无二的地理环境，拥有很多独特的动植物和自然景观，四面环海，漫长的海岸线为各种外来有害生物和疾病提供了多种传播途径，防控生物安全在人员及货物入境时发挥着极其关键的作用。从现状来看，澳大利亚边境入境监管将各类生物风险降至最低，有效保障了国内农业、工业、旅游业及国民生活的良性发展。由此可见，澳大利亚政府对入境货物的监管工作方式值得借鉴。

澳大利亚农业、渔业和林业部（DAFF）主要负责进口货物的监督管理工作，包括本文所讨论的动物源性生物材料。由于澳大利亚特殊的地理环境，对动物及动物源性产品的进口管控较为严格，部分产品不可以进口或者只接受新西兰进口，在澳大利亚进口生物材料等货物可通过生物安全进口条件系统（Biosecurity Import Condition System，BICON）查询是否准许进口及是否需办理进口许可，并通过该系统网上申请办理进口许可证。

一、对生物材料的定义及监管

澳大利亚农业、渔业和林业部负责监管澳大利亚生物材料进口，生物材料包括但不限于：动物饲料，动物鱼饵，培养基，酶，化肥，实验室用生物材料，兽用疫苗等。通常，进口动物源产品均需要通过审批，但依据不同的动物源性生物材料，划分不同监管方式。如对进口实验室用动物源产品，进口公司可以申请大证（blanket permit），涵盖动物细胞、血清、组织等。以动物血清为例，对动物血清按照体积不同划分监管，20克或20毫升及以下视为小包装，仅要求提供种系来源国（地区）、原产国（地区）、最小包装单位体积及最终用途。

二、生物安全风险

澳大利亚农业、渔业和林业部负责对海外进口的生物材料进行生物安全风险分析评估和其他风险分析。依据法规要求，对未知的或已知类似的货物和虫害或疾病组合，但虫害或疾病进入、建立或传播的可能性和/或后果可能与先前评估的显著不同的产品进行安全风险分析评估。

三、风险管理措施

澳大利亚农业、渔业和林业部负责进行生物安全风险分析评估和其他风险分析。科学顾问组（外部专家，联邦和州或地区政府机构，行业利益相关者）参与风险分析过程。澳大利亚农业、渔业和林业部须遵守国际贸易和生物安全义务，并以一致的方式实施澳大利亚的适当保护水平。生物安全进口风险分析程序的步骤详见《2016 年生物安全监管》及《生物安全进口风险分析指南》。另外，不受限制的风险分析不符合生物安全风险分析评估标准的风险分析被视为非受规管风险分析。澳大利亚农业、渔业和林业部负责的非受规管风险分析包括：对现有政策或进口条件进行科学审查及根据新的科学信息审查生物安全措施，此类风险分析是通过法律没有规定的行政程序进行的，但它们仍然符合澳大利亚的国际权利和义务。澳大利亚农业、渔业和林业部不仅在生物安全风险发生变化时审查进口政策，在技术进步或流程改进以消除或最小化与某一特定商品相关的生物安全风险时审查进口政策。这些审查通常是由行业需求驱动，向进口商提供更多的满足生物安全要求的产品处理方案选择。与生物安全风险分析评估一样，澳大利亚农业、渔业和林业部使用类似的技术方法对现有政策进行科学审查，对方法的具体调整和修改会在个别报告中解释。对现有政策的所有重要或复杂的科学审查的通知将提供给已通过生物安全建议通知利益相关者登记册注册接收生物安全建议通知的利益相关者。澳大利亚农业、渔业和林业部进行风险分析时，会考虑一系列相关因素，如地区差异，即在整个生物安全风险分析评估中考虑到病虫害状况、地理、气候、宿主和病媒在不同地理区域的分布差异。

澳大利亚政府以产品来源国（地区）、组成成分、最终用途等为风险分析的主要参考因素，确定可进口产品的最小包装体积或重量、随附资料、许可申请审核时间等，例如进口牛源性体液及组织，包括牛源性血清、血浆、全血及其他体液、组织样本、抗血清、不可繁殖的生殖材料等，除特殊情况（保存在 2% 戊二醛、70% 酒精、10% 福尔马林以及 4% 甲醛中的动物器官组织），均需在进口前向澳大利亚农业、渔业和林业部申请许可证。以进口牛血清（最小包装体积/重量不超过 20 毫升/20 克）为例，首先需参考可向澳大利亚出口牛体液或组织的国家（地区）名单，并在进口前向澳大利亚农业、渔业和林业部申请进口许可证，随附资料包括动物来源、国家（地区）来源及无繁殖材料声明，保证来源动物无传染病临床症状、无故意感染病原以及不含抗血清，若无法满足上述条件，强制在进口口岸实施可达到最小吸收量 50 kGy 的辐照处理，最终用途仅限于实验室体外以及啮齿动物等实验动物的体内研究，若用于非实验动物则另需书面申请。对进口包装体积超过 20 毫升/20 克的动物源性体液/组织（不包括尿液），澳大利亚官方对动物来源种类限制更多，主要以牛源性为主。澳大利亚针对进口 SPF 实验动物的进口监管条件明显高于其他动物产品，经过生物安全风险分析制定了可向澳出口各类实验动物的国家或地区名单，例如常用的 SPF 级别实验用豚鼠，允许进口国家或地区主要以欧洲为主，亚洲仅有新加坡、日本及我国香港地区，进口前除了随附出口国（地区）的官方兽医证书和进口产品情况声明外，还需完成人鼠共患致病病毒汉坦病毒的测试，若未经过测试，则强制在进口检疫站强制隔离并完成测试过程，检测合格后方可放行。

除常规政策外，澳大利亚农业、渔业和林业部对符合条件的大型动物源性生物材料企业特批覆盖许可证，允许其在一年有效期内，该证件限制条件中的生物产品均适用该许可证办理进口手续。

第五章
进境生物材料重点行业介绍

CHAPTER 5

第一节
CHO 细胞株行业及产品需求介绍

近年来，生物药在全球医药市场的比重不断扩大。自 2002 年以来，已有 300 多种生物药物获得美国食品药品监督管理局批准，而且数量还在继续增长。我国的生物制药产业在近 20 年也取得了巨大的发展，与国际水平的差距越来越小。工程细胞株是重组蛋白药物包括抗体药物工艺开发和生产的关键之一，其重要性不言而喻。宿主细胞是工程细胞株开发必不可少的条件。如果我们把载体比喻为工程细胞株开发平台的灵魂，宿主细胞则是工程细胞株开发平台的基石。CHO 细胞是目前主流的工程细胞株开发宿主细胞，市场上绝大部分的蛋白药物都是通过 CHO 细胞株来生产的。CHO 细胞是首个被美国 FDA、欧洲药品管理局和中国国家药品监督管理局认可的用于生物制药领域的生产细胞。

一、行业概况

（一）CHO 细胞株的分类

CHO 细胞是来源于中国仓鼠卵巢组织的一株细胞。中国仓鼠，拉丁学名 Cricetulus griseus，生长于中国北方沙漠和蒙古国。20 世纪 20 年代开始在中国被科学家用于替代小白鼠进行一些传染病方面的动物试验。1948 年由中国传入美国并在美国繁殖成功，被广泛用于科学试验。1957 年，科罗拉多大学医学中心的细胞生物学先驱 Theodore T. Puck 教授成功地从一只雌性中国仓鼠卵巢组织分离到一株永生细胞株，将其命名为 CHO 细胞。由于 CHO 细胞株易于培养，并且可以从单个细胞长成相对均质的集落（colony），受到各个领域科学家的欢迎，被用于各种体外细胞培养试验。CHO 细胞也被免费提供给世界各地的实验室，后被欧美两大细胞保藏机构 ECACC 和 ATCC 收藏，世界各地的研究者只需付少量费用就可获得 ATCC 或 ECACC 提供的 CHO 细胞用作研究。

这个最原始的 CHO 细胞系后来流转到不同的实验室和公司，经过不同的培养、驯化、改造和重新克隆，形成了不同种类的 CHO 细胞系。目前我们常用的 CHO 细胞系有 CHO-S、CHO-K1、CHO-DXB11、CHO-DG44、CHO-GS 等。

1. CHO-S

基于原始的 CHO 细胞系，1973 年 Thompson 实验室分离了一株可用于悬浮培养的 CHO 细胞，并将此细胞命名为 CHO-S。虽然都来源于最原始的 CHO 细胞系，但从细胞历史分支上看，CHO-S 和 CHO-K1 分属于不同的代系。此细胞系在 20 世纪 80 年代后期提供给当时的 Gibco 公司，后者将此细胞驯化至 CD CHO 培养基中，建库并以 CHO-S 名称进行推广。因其能在无血清培养基中悬浮生长，并支持高密度培养，在早期常被用作瞬时表达宿主细胞。

2. CHO-K1

CHO-K1 是未经改造的野生型 CHO 细胞。最原始的 CHO-K1 细胞是贴壁培养，需要添加血清，由于血清的批间稳定性问题，以及后来病毒安全性问题，无血清悬浮培养成为趋势。

基于 CHO-K1 细胞的表达平台多采用 GS（谷氨酰胺合成酶）筛选系统和/或抗生素筛选系统。采用 GS 筛选系统的平台可在转入目的蛋白基因的同时转入 GS 基因，在筛选阶段采用不含谷氨酰胺的培养基进行筛选。但由于 CHO-K1 细胞具有内源的 GS 基因，因此往往需要添加 MSX 甚至和一定量的抗生素同时筛选，以提高筛选效率。此外，由于内源 GS 基因的存在，筛选出的高表达克隆往往稳定性较差，需要进行充分的稳定性评估，方可用于后期的工艺开发及规模化生产。

CHO-K1 相对于 CHO-S 上限更高，高表达和高 Qp 的特点决定了 CHO-K1 的使用越来越广泛。目前多个已经上市的治疗性蛋白是基于 CHO-K1 细胞进行开发生产的。

3. CHOZN CHO GS-/-和 CHOK1SV GS-KO

Merck 于 2006 年通过 ECACC 获得 CHO-K1 细胞株，并将其驯化至化学成分限定培养基 CD Fusion 中，然后进行亚克隆建立 CHOZN CHO K1 细胞系。在此细胞系基础上，通过 ZFN（锌指核酸酶）技术敲除 GS 双等位基因，获得 GS 缺陷型细胞株 CHOZN GS，并于 2012 年推向市场。目前以

CHOZN CHO GS-/-作为宿主细胞的数十个项目已经在全球多个国家（地区）推进到临床实验阶段。

Lonza 在其 CHOK1SV 细胞的基础上，与 Cellectis 合作并利用后者的 Meganucleases 技术，将 CHOK1SV 细胞中 GS 的双等位基因完全敲除，于 2012 年推出了 CHOK1SV GS-KO 细胞株。由于内源性的 GS 基因被完全敲除，大大提高了筛选效率，缩短了稳定细胞株的开发周期，同时提升了最终克隆的稳定性。

4. CHO-DXB11 和 CHO-DG44

CHO-DXB11（又名 DUK-XB11）是由哥伦比亚大学的 Urlaub 和 Chasin 在 20 世纪 70~80 年代通过伽马射线诱变的方法获得。CHO-DXB11 细胞的双等位基因中，一个 DHFR 基因被敲除，另一个 DHFR 基因仅包含一个错义突变（T137R），这使得此细胞不能有效还原叶酸而合成次黄嘌呤（H）和胸苷（T）。

Chasin 实验室先后通过化学诱变和伽马射线诱变，最终在 1983 年筛选出了双等位 DHFR 基因敲除的 CHO 宿主细胞，并命名为 CHO-DG44。虽然和 DXB11 都属于 DHFR 基因缺陷型，但从谱系分支来看，DG44 和 CHO-S 更为接近。因为 DG44 细胞完全缺失了 DHFR 基因的活性，并且可以无血清悬浮培养，使得筛选和加压过程变得更加有效。

DHFR 缺陷型细胞在生物药开发早期使用十分广泛，但是出于 DG44 细胞生长较慢、蛋白表达能力较弱及筛选流程复杂等原因，逐渐被制药公司放弃使用。而 GS 缺陷型宿主细胞因其细胞生长快、蛋白表达能力强等特点，越来越受到制药公司的重视，逐渐代替其他细胞系被广泛使用。

（二）CHO 宿主细胞的商业化

早期各个生物制药公司都是自行从细胞保藏机构或研究机构取得研究用 CHO 细胞，作为构建工程细胞株的宿主细胞。由于研究用 CHO 细胞多为在有血清培养基中培养的贴壁细胞，需要经过驯化成为无血清悬浮培养细胞，再经过单细胞克隆和建立细胞库并经过病原体检测才能成为合格的工程细胞株宿主细胞。这一过程非常耗时耗力，初创公司也未必有足够的经验来建立一个好的宿主细胞，因此商业化的宿主细胞应时而生，为希望快速建立细胞株开发平台的公司提供了一个选择。欧美公司在这方面起步较早，目前有多个公司提供不同类型的 CHO 宿主细胞。商业化宿主细胞的出现为众多初创公司快速建立工程细胞株开发平台提供了极大的便利，目前已经成为大多数初创公司的首选。

国内的生物制药产业在过去十几年里取得了巨大的发展，涌现出了大量生物技术公司，包括很多聚焦于重组蛋白的公司。无论是自建工程细胞株开发平台或是委托 CDMO 公司开发工程细胞株，这些公司都面临选择和购买商业化 CHO 宿主细胞使用许可的问题。

（三）国内 CHO 宿主细胞株市场现状

筛选出一株优秀的 CHO 宿主细胞并不仅仅靠运气，很大程度上取决于研发人员对生物工艺的经验和对 CHO 细胞的理解。在 CHO 细胞驯化过程中需要尽可能保留细胞的多样性，同时在宿主细胞克隆筛选的阶段尽可能广泛筛选以增加获得优秀克隆的机会。这部分工作非常耗时耗力，因此在高效率筛选方法上的创新十分有帮助。对于一株宿主细胞克隆，不仅仅要考察其产量，还需要考察其产品质量以及细胞的生长代谢特性，以及经过多个项目的反复验证。CHO 宿主细胞的潜在缺陷往往不能在一个项目里充分暴露，数据积累越多，越有利于全面了解宿主细胞克隆的特性，这也是国内公司正在积累的部分。

获得一株优秀的宿主细胞，除了靠筛选以外，工程化改造也是优化宿主细胞的一条可行途径。CHO 细胞作为表达宿主细胞有很多优势，但仍然在很多方面存在改善空间。通过基因工程的手段可以在许多方面针对性地改善 CHO 细胞，包括产量提升、产品质量改进以及细胞生长代谢的改善。业界在这方面已经有很多尝试和成功经验。国际上的商业化 CHO 宿主细胞供应商十年前已经往这个方向发展，国内的 CHO 宿主细胞供应商目前也开始关注这个领域的发展。

总之，对于 CHO 宿主细胞的开发，从驯化到克隆筛选和评估需要有整体规划，不是仅靠运气。由于宿主细胞是未来所有工程细胞株之母，一个有缺陷的宿主细胞将有巨大的隐患，对于宿主细胞最终克隆的选择需要在充分考察的基础上慎之又慎。

二、生物材料进口现状与需求

目前商业化 CHO 宿主细胞的供应商主要是欧美公司。国内的终端用户中，除了少数公司自行开发 CHO 宿主细胞以外，大部分是购买国外公司的商业化 CHO 宿主细胞。

依据国内政策，目前根据检疫风险等级不同，对 CHO 细胞株实行分级分类监管。二级及以上风险等级的细胞株进口前需要办理进境动植物检疫许可证，并由输出国家/地区官方出具检疫证书，接受口岸海关和目的地海关检疫监管。三级风险的细胞株（来自 SPF 级及以上级别实验动物的）进口前需要输出国家/地区官方出具检疫证书，接受口岸海关检疫监管。四级风险的细胞株（来自商品化细胞库 ATCC、NVSL、DSMZ、ECACC、KCLB、JCRB、RIKEN 的动物传代细胞系）进口时需要提供附加声明，接受口岸海关检疫监管。为了防范动物细胞株产品感染病原微生物及传播疫病的风险，根据相关法规及行业标准的要求，申请进口的 CHO 细胞株产品细胞需具有详细的来源，满足监管要求，并且根据产品需求对产品质量进行评价和把控。国内的商业化 CHO 宿主细胞起步晚，目前虽处于快速发展阶段，但市场份额远远小于拥有成熟细胞系的国外公司。

生物制药企业和生物药管线正在快速增长，根据商业化 CHO 细胞株产品市场预期及海外供方供货能力，预估未来将存在进口细胞株供货缺口。

第二节
体外诊断行业及产品需求介绍

————————◇————————

体外诊断行业在国际上被统称为 IVD（In-Vitro Diagnostics）行业，指将样本（血液、体液、组织等）从人体中取出后进行检测，进而判断疾病或机体功能的诊断方法，涉及免疫检测、基因诊断学、转化医学等众多学科。主要通过对血液、尿液、大便等人体正常和异常的体液或分泌物的测定和定性，与正常人的分布水平相比较，来确定病人相应的功能状态和异常情况，以此作为诊断和治疗的依据。产品在使用时，利用相关医学临床诊断仪器和配套检测试剂构成的统一检测系统，为医生提供了更丰富的临床诊断信息。

80% 左右的临床诊断信息来自体外诊断，体外诊断目前已经成为人类进行疾病预防、诊断、治疗所必不可少的医学手段。根据临床医学检验项目所用技术的不同，体外诊断可分为生化诊断、免疫诊断、血液、微生物诊断、分子诊断等类别，其中临床生化诊断、免疫诊断和分子诊断代表了目前临床应用中的主流技术。各类技术均由相应的仪器与试剂组成完整的诊断系统。体外诊断仪器有一定的使用年限，一般为 5~8 年；体外诊断试剂为一次性使用的易耗品。

据统计，2018 年全球体外诊断市场规模达到了 684 亿美元，2019 年全球体外诊断市场规模为 727 亿美元，到 2025 年市场规模预计达到 936 亿美元。老龄化、人口增长、慢性病、不断增加的新发传染病，以及体外诊断检测技术的不断发展都是驱动体外诊断市场增长的主要因素。

亚太地区是全球体外诊断市场的第二大区域，2018 年市值达到 136 亿美元，占全球体外诊断市场的 25.7%，仅次于北美的 41.1%。就人均消费而言，亚太市场为 3.2 美元，低于全球人均 7.1 美元，仍有较大提升空间。2022 年，亚太地区体外诊断市场规模在 141.6 亿元，预计将在 2027 年增长至 193.1 亿元，复合增长率为 6.4%。

随着经济发展，人们生活水平提升，治未病理念推广，疾病检测需求加速释放，我国体外诊断行业也获得飞速发展。据测算，2018 年我国有 1200 家左右体外诊断企业，2018 年国内体外诊断市场规模约为 604 亿元，同比增长 18.43%，预测十年内将维持 15% 以上的年增长率。

一、行业概览

(一) 分类

从细分领域来看，目前体外诊断可分为生化诊断、免疫诊断、血液诊断、微生物诊断、分子诊断、即时诊断等。其中生化诊断、免疫诊断是基于小分子物质化学反应或者蛋白类物质抗原抗体结合的原理检测标志物，分子诊断是在基因水平检测，具有更高的灵敏度和特异性。在 NMPA 数据库查询可知，截止到 2023 年 8 月，我国约有 4.1 万个体外诊断试剂注册产品，涉及约 1600 家生产企业，集中在免疫诊断、生化诊断以及分子诊断领域，主要应用领域包括血/尿常规、肝功能、肾功能、传染病、肿瘤、优生优育、心血管、微生物等。

2018 年全球体外诊断市场中，免疫诊断占 32.50%，生化诊断占

23.69%，分子诊断占 14.68%，免疫诊断和生化诊断合计占比超过一半。

（二）行业现状

国内体外诊断市场处于快速成长期，产业集中度和竞争实力稳步提升，与国外企业差距在缩小。全球超过 80% 的体外诊断试剂市场源于欧洲、北美和日本，其中，罗氏、雅培、丹纳赫、西门子占据了全球 50% 左右的市场份额，呈现出四大巨头垄断格局。在体外诊断试剂方面较为出色的企业还有强生、赛默飞世尔、梅里埃、伯乐等。国内主要厂家包括迈瑞医疗、新产业生物、安图生物、亚辉龙、美康生物、九强生物、科华生物、迈克生物、中元汇吉、中生北控、迪瑞医疗等。

国外大企业产品质量优势明显、自动化程度高，在国内三级医院的高端市场占据垄断地位。国产产品则具有价格较低、政策扶植的优势，用户集中在二级医院和基层医院的中低端市场，并逐步向三级医院渗透。

（三）发展趋势

IVD 领域一直有创新，所有的创新均是在提升检测的精准度、便利性和效率，从而推动该领域的发展。

检测精准度包括特异性和敏感性。特异性的提升依赖于新指标的发现和多指标的联合；敏感性的提升有赖于信号系统和检测方法的创新。

检测便利性包括方便和便宜。对于基层医院、临床科室以及个人家庭，检测的便利性起着决定性的作用，将一些检测方法即时诊断化（例如微流控技术），虽然牺牲了一定的精准度，却可以大大提升检测的便利性。

提升检测效率亦是 IVD 领域的重要发展方向之一，例如均相化学发光技术通过免清洗提升检测速度，二代测序通过高通量大幅缩短测序时间以及自动化操作等。

（四）国内外体外诊断试剂管理模式

1. 国内管理模式

根据 2021 年国家药品监督管理局发布的《体外诊断试剂分类规则》第五条，体外诊断试剂根据风险程度由低到高，管理类别依次分为第一类、第二类和第三类。在产品注册上，第一类体外诊断试剂实行备案制，第二类、第三类体外诊断试剂实行注册制。

（1）第一类体外诊断试剂

a. 不用于微生物鉴别或药敏试验的微生物培养基，以及仅用于细胞增殖培养，不具备对细胞的选择、诱导、分化功能，且培养的细胞用于体外诊断的细胞培养基；

b. 样本处理用产品，如溶血剂、稀释液、染色液、核酸提取试剂等；

c. 反应体系通用试剂，如缓冲液、底物液、增强液等。

（2）第二类体外诊断试剂

除已明确为第一类、第三类的体外诊断试剂，其他为第二类体外诊断试剂，主要包括：

a. 用于蛋白质检测的试剂；用于糖类检测的试剂；

b. 用于激素检测的试剂；

c. 用于酶类检测的试剂；

d. 用于酯类检测的试剂；

e. 用于维生素检测的试剂；

f. 用于无机离子检测的试剂；

g. 用于药物及药物代谢物检测的试剂；

h. 用于自身抗体检测的试剂；

i. 用于微生物鉴别或者药敏试验的试剂，以及用于细胞增殖培养，对细胞具有选择、诱导、分化功能，且培养的细胞用于体外诊断的细胞培养基；

j. 用于变态反应（过敏原）检测的试剂；

k. 用于其他生理、生化或者免疫功能指标检测的试剂。

（3）第三类体外诊断试剂

a. 与致病性病原体抗原、抗体以及核酸等检测相关的试剂；

b. 与血型、组织配型相关的试剂；

c. 与人类基因检测相关的试剂。

第三节
牛血清行业及产品需求介绍

◆————◆

一、牛血清的分类

胎牛血清（Fetal Bovine Serum，FBS）是指怀孕 5~8 个月的母牛被屠宰后，剖宫产胎牛心脏密闭穿刺采血获得的新鲜胎牛全血，经自然层析、离心后收集得到去除血细胞、纤维蛋白等成分的淡黄色透明上清液体，后经生产使用多级高置流膜过滤技术和三级 0.1μm 终端微滤方法处理后，常用于细胞培养相关实验。胎牛血清是细胞培养中常用的天然培养基，因为胎牛未进食过母乳，所以 IgG 含量低，且含有丰富的细胞生长必需的营养成分，故目前多数实验人员都选择胎牛血清进行动物细胞的体外培养。

新生牛血清（Newborn Calf Serum，NBCS）是指对出生 14 小时内未进食的新生牛采用颈动脉采集血液分离得到的血清。新生牛血清比胎牛血清含有更多的免疫球蛋白和蛋白质，是一种经济有效的胎牛血清替代品。

小牛血清（Calf Serum）是指出生后 3 天至 6 月龄小牛动脉采血分离得到的血清。

成年牛血清（Adult Bovine Serum，ABS）是指屠宰成年牛时收集全血后分离得到的血清。

二、行业概况

胎牛血清是目前科研使用较为广泛的天然培养基，由于其富含细胞生长必需的营养成分，并且具有不可替代性而备受关注。胎牛血清原料主要来自全球集中的几个产业国家（地区）。由于疯牛病的发生，全球公认的安全采血区域越来越少，对于胎牛血清的需求量却在稳步上升，而产量并没有随之提高。牛血清仍然是畜牧加工业的一个副产品，因此一直会有供不应求的现象和原料上涨的趋势。随着原料价格的上涨，胎牛血清价格也水涨船高。

目前，我国主要从澳大利亚、新西兰、乌拉圭进口牛血清制品。由于乌拉圭胎牛血清产量有限，加上国内客户更喜欢澳大利亚和新西兰的胎牛血清，因此这两个来源地的胎牛血清价格一直居高不下。由于养殖和原料收集等因素方面的制约，我国没有严格意义上的胎牛血清，所谓类胎牛血清，几乎完全依赖于进口，每年进口量约 15 万升，主要需求对象是科研机构、大专院校、外资研发中心、CDMO 企业及制药企业等。

我国对新生牛血清的需求巨大，年需求量约 1200 吨，主要用于人用疫苗、兽用疫苗以及体外诊断试剂的生产，其价格只有胎牛血清的 1/15 到 1/5 不等，是胎牛血清的完美替代品。新生牛血清约 80% 产自国内，20% 来源于进口。

三、胎牛血清的采血地和成分

胎牛血清的制造商集中在北美、澳大利亚、新西兰和南美。过去几年，由于原材料供应不足，胎牛血清生产增长缓慢。2023 年，胎牛血清的全球销量预计达到 85 万升。Thermo Fisher 是全球最大的制造商，其次是 GE Healthcare 和 Merck，消费者主要集中在美国、欧洲、中国和日本等。

胎牛血清的主要产地包括美国、澳大利亚、新西兰、加拿大及南美洲和中美洲地区，由政府机构管理血清制品的生产及收集过程。所有血清出厂前，均经过严格质控，每个批次附有详细完整的检测报告，包括品名、货号、批号、血源地、生产日期、保质期、pH 值、渗透压、血红蛋白、总蛋白、球蛋白、IgG 抗体、内毒素、无菌检查（细菌、真菌、支原体）、病毒检查（BVD、牛腺病毒等）。

四、国内外发展差异

国内胎牛较少，大多是小牛生下来之后才能决定要留还是要取血。国内牛主要分奶牛和肉牛，且人工可以干预胎牛的公母，头胎人工受孕成功率可以达到 80%~90%，但是受孕次数多，人工授精成功率会大幅度降低。出生后的新生牛价格高，一头小母牛要 8000~9000 元，一头小公牛也要

5000 元左右。对新出生的小公牛，牧民会根据重量决定是要采血还是喂养，30 千克以下的直接招投标采血，大于 30 千克的小公牛就要当肉牛进一步喂养。根据产地不同，我国牛种大致划分为北方牛、中原牛和南方牛，从牛血清的质量来对比，北方牛的质量较好。

国外胎牛血清的采血工艺与国内比相差不大，来源地更广，且多半是放养式自然怀孕，获得胎牛的机会更大。从血清质量来讲，大部分来源地血清差别不大。澳大利亚和新西兰环境优越，牧场干净，疫病少，但人工成本不容忽视，所以澳大利亚和新西兰血清紧俏，价格也是水涨船高。

胎牛血清的价格比新生牛血清高得多。一些不良商家以次充好，将新生牛血清混入胎牛血清，或者直接将新生牛血清处理后作为胎牛血清出售。部分商家为了增强血清的培养效果会添加一些组分，例如生长因子、激素等，使用此类血清会影响细胞功能性试验，导致试验结果失真，在工业上影响下游生物制品安全和质量，让研发和生产遭受重大损失。

五、了解血清质控标准

目前国内牛血清的质量标准是 2020 版中国药典三部通则（3604 新生牛血清检测要求），胎牛血清质量标准主要参考欧洲药典 EP 9.0 和美国药典 USP40 胎牛血清相关规定。血清产品分析证书（COA）是血清质控的重要体现，根据药典要求，检测项目需要包含以下内容：①理化检测；②微生物检测（细菌、真菌、支原体、噬菌体）；③病毒检测；④细胞增殖检测，保证血清品质。

第四节
心脏瓣膜行业及产品需求介绍

心脏瓣膜疾病的患病群体数量非常庞大。以美国为例，根据 2006 年发表于《柳叶刀》的数据，在年龄和性别校正后，中、重度瓣膜病患病率为 2.5%，若按照此数据推算，全球约有 1.9 亿人患有中、重度心脏瓣膜疾病。2019 年，我国已有 3630 万名心脏瓣膜疾病患者，预计 2025 年会增至 4020 万人。从本质上来看，瓣膜疾病属于老年病，随着我国人口进一步老龄化，预计未来瓣膜病的患病人数也会逐渐增多。近些年，巨大的市场需求，推动了我国心脏瓣膜行业蓬勃发展。在国家的大力支持和政策引导下，一批优秀的介入心脏瓣膜研发的高科技企业涌现出来，并且产生了数个自主研发的具有自主知识产权的新型介入瓣膜。

一、行业概览

（一）人工心脏瓣膜的分类

随着技术的发展，人工心脏瓣膜的种类逐渐增多，按照材料，可以分为机械瓣和生物瓣两大类。机械瓣目前主要以热解碳为瓣叶材料；生物瓣瓣叶主要使用猪心包、牛心包或猪主动脉瓣等生物组织。根据有无支架来分，生物瓣可分为有支架生物瓣和无支架生物瓣，其中有支架生物瓣包括介入瓣和外科瓣，介入瓣包括自扩张式介入瓣和球囊扩张式介入瓣。

（二）我国心脏瓣膜相关器械

截止到 2021 年 4 月，在已获得国家药品监督管理局批准上市的国产机械瓣膜、外科生物瓣膜和介入瓣膜中，国产机械瓣膜和外科生物瓣膜获批上市的数量较多，但由于疾病谱与国外不同，我国大部分患者的瓣膜病是风湿性瓣膜病，退行性瓣膜病占比较少，而且传统外科瓣膜置换主要受国际大公司的技术和学术影响，国际大公司仍然在我国占主导地位。同时，外科手术创伤大等原因导致国产品牌实际需求没有得到有效放大。近年来，随着介入技术的成熟和发展，国内出现了许多研究介入瓣膜的企业，部分企业产品已获批上市，包括上海微创心通医疗科技有限公司的 VitaFlow 经导管主动脉瓣膜系统。

（三）我国介入心脏瓣膜器械行业现状

1. 介入主动脉瓣器械

目前，国产的已上市产品包括上海微创心通医疗的 VitaFlow 经导管主动脉瓣膜系统、杭州启明医疗的 VenusA-Valve 经导管人工主动脉瓣膜置换系统、苏州杰成医疗的 J-Valve 介入人工生物心脏瓣膜。爱德华生命科学的经导管主动脉瓣膜系统 Sapien3 于 2020 年获批，是唯一一款获批上市的国外瓣膜。此外，还有多家企业的瓣膜正在开发中，已经进入临床研究阶段。同时，国内还有多家公司的介入主动脉瓣膜产品正处于临床前研究阶段。

2. 介入二尖瓣器械

介入二尖瓣器械包括二尖瓣修复器械（TMVR）和二尖瓣置换器械（TMVI）两种不同的类型。由于二尖瓣解剖结构复杂，目前二尖瓣修复的效果较置换的效果更好。介入二尖瓣修复器械，可以通过介入方式重建腱索，缘对缘修复或者瓣环环缩。由于二尖瓣结构的复杂性与较高的技术壁垒，介入二尖瓣置换器械研发难度非常大，目前绝大多数器械均处于探索性或早期临床探索阶段。

3. 介入三尖瓣器械

目前，国内无上市的介入三尖瓣器械，国内多家公司的产品处于动物研究或临床研究阶段。

4. 介入肺动脉瓣器械

目前，国内无上市的介入肺动脉瓣器械，国内多家公司的产品处于动物研究或临床研究阶段。

（四）我国心脏瓣膜器械行业发展趋势

根据《经导管主动脉瓣置换术中国专家共识（2020更新版）》，过去我国经导管主动脉瓣置换术（TAVR）发展较慢，2010年才开展第一例TAVR手术，但是自2017年国内两款经导管主动脉瓣膜上市后，我国TAVR得到了快速的发展。截至2020年年底，全国已完成6000多例TAVR手术，其中2019年和2020年共完成了约5000例。预计到2025年，我国TAVR手术数量将达到约42000例。我国可进行TAVR手术的患者由2015年的约67.64万人增加至2019年的约76.69万人，估计2025年将进一步增至94.28万人。

介入瓣膜器械成为我国心脏瓣膜器械的重要发展方向。人工心脏瓣膜置换的方式包括传统的外科开胸手术和经导管介入手术。通过外科开胸手术换瓣是最为成熟的治疗方式，外科瓣膜耐久性好，预期使用寿命较长，长期的循证医学证据充分，但是由于需要进行开胸和体外循环，手术创伤较大，术后恢复时间较长，部分患者不可进行外科手术或有高风险，介入瓣膜置换成为一种替代选择。目前，国内外科瓣膜市场大部分被进口产品占据，且外科瓣膜技术成熟，国内企业如再研发外科瓣膜已无市场和技术优势。

近年来，随着介入技术的发展，介入瓣膜成为瓣膜行业研究的热点。经导管介入手术风险小，特别适用于不能进行外科手术或手术风险高的患者。近年来，国内上市医疗器械企业的介入瓣膜使用量逐年增加，临床应用数据越来越多，此外国内多家企业都在研发各种介入瓣膜新器械，预计未来介入瓣膜的用量将会迅速提升，成为越来越多患者的重要选择。

对不同瓣膜病变采取不同的治疗方式也是重要发展趋势。目前经导管介入置换瓣膜技术仅在主动脉瓣狭窄的治疗和肺动脉狭窄或反流治疗中较为成熟，已在美国成为主流的治疗手段。截至目前，我国已有 3 款国产介入主动脉瓣膜产品获得 NMPA 批准上市，预计在中国的渗透率会迅速提升。二尖瓣、三尖瓣结构复杂，因此经导管介入置换瓣膜的技术仍未成熟，经导管介入修复器械目前是一个较好的选择。

开发具有自主知识产权的心脏瓣膜成为重要发展趋势。我国人工心脏瓣膜企业逐步发展自主知识产权，增强市场竞争力。近年来，我国政府加大了对高端医疗器械行业的支持力度，巨大市场潜力也吸引了大量资本投入，国内企业正逐渐赶超国际领先企业的技术水平。在政策、资本双重推动下，人工心脏瓣膜企业势必将重心放到创新产品研发上。

国产瓣膜替代进口瓣膜成为重要发展趋势。在我国人口老龄化背景下，我国瓣膜性心脏病发病率不断上升，人工心脏瓣膜市场需求持续扩大。随着医学和科研进步，先进人工心脏瓣膜产品和植入技术，如经导管介入瓣膜植入或修复技术，能使患者享受低风险、低价格、恢复期短的微创治疗，提高生命质量。近些年，对资本市场介入瓣膜研发公司的青睐，极大地促进了国产介入瓣膜的研发，相信在不久的将来，国产瓣膜可实现进口替代，使中国患者尽早使用国际一流技术水平的国产产品。

二、国内外发展差异

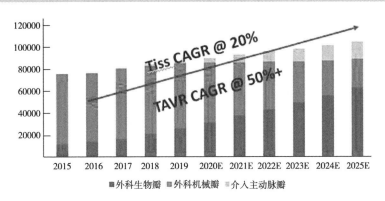

图 5-1　中国心脏瓣膜市场概览

信息来源：中国体外循环杂志及市场信息；佰仁招股说明书

据统计，2015 年外科生物瓣只占介入主动脉瓣市场份额的 15%，预计经过 10 年左右发展，在 2025 年外科生物瓣将占据 60% 的市场份额。中国目前心脏瓣膜年使用量约 85000 枚，其中外科机械瓣膜占主导地位，占比约为 75%，生物瓣约 22%（1.8 万~2 万），介入瓣约 3%。与中国市场不同，美国市场外科生物瓣占超过 63%，其次为介入瓣 27%。全球生物瓣占比 60%，介入瓣 30%。中国瓣膜市场增长趋稳，主要增长来自 TAVR 应用，生物瓣增长来自对机械瓣的替代。

对比国外 TAVR 产品发展过程，我国 TAVR 产品的发展进程存在如下差异性：

（一）从短期来看，国内医生培训、学术培训等加速覆盖进程

加快国内学术培训覆盖及产品推广进度，在提升国内医生手术能力的同时，提升患者对疾病的认知，加快瓣膜手术在国内的普及及医院开拓，勤奋企业和努力医生快速推动了 TAVR 手术的国内普及。美国 TAVR 手术推广进程有着类似的特征。美国 2012 年开展 TAVR 的医院为 156 家，2014 年增长至 348 家，2020 年则达到 701 家。考虑到中国医生的学习热情、国内企业的勤奋推广等因素，我国开展 TAVR 医院增长速度大概率快于美国，2025 年能够超过 600 家，长期来看有可能超过 1000 家。

（二）从治疗指南和专家共识角度来看，TAVR 适应证范围不断扩大

最早美国指南对 TAVR 的使用要求是外科高危人群，如今逐渐向外科手术中低危人群拓展。初始由于瓣膜的耐久性有限，医生仅对高龄老人植入人工瓣膜，而现在瓣膜耐久性在临床中不断得到积极的验证，相对低龄患者也能够进行 TAVR。

我国专家共识和海外指南的"从高危到低危""从高龄到低龄"变化，已将 TAVR 适应证人群拓展至 TAVR 伊始的数倍。此外，产品的进步也使得部分单纯反流能够得到 TAVR 一定程度的治疗。未来反流纳入 TAVR 适应证后，其数量将为目前治疗狭窄的 2~3 倍。

（三）从长期角度看，医保支付将是 TAVR 真正大规模应用的一个重要条件

我国 TAVR 市场的长期空间受到医保支付影响。如果 TAVR 进入医保支付，对标德国、美国，我国年 TAVR 植入量可能超过 30 万例。

美国与德国的 TAVR 渗透率高，其中一个核心要素是医保报销（德国主要为 TK 和 AOK，美国为 Medicare）。美国、德国的医保覆盖相对较多，带动 TAVR 实现高渗透率。而我国目前地方医保只有一部分产品进入，如微创的 TAVR 产品目前在贵州、云南进入了医保。国内医保如果覆盖，将会大幅提升植入量，渗透率将逼近欧美。

三、生物材料进口需求

目前已上市的经导管主动脉瓣膜产品均选用异种生物组织，异种生物组织常使用猪主动脉瓣、猪心包、牛心包等作为瓣叶材料。其中猪主动脉瓣外径大，多用于经心尖产品，而猪心包和牛心包都可用于经导管主动脉瓣膜。通过文献调研，牛心包的胶原蛋白高，力学性能更好，并且国外有多款已上市产品使用牛心包作为瓣叶材料，包括爱德华的 Edwards SAPIEN XT、波士顿科学的 LOTUS™ Valve System 和雅培的 Portico™，上海微创心通医疗科技有限公司是国内首家使用牛心包作为瓣叶材料、生产经导管主动脉瓣膜产品的医疗器械公司，产品已顺利注册上市。

关于牛源用于医疗器械，国内已出台相应的法规《关于禁止从发生疯牛病的国家或者地区进口和销售含有牛羊组织的医疗器械产品的公告》

（国药监械［2002］112号）以及标准YY/T 0771《动物源医疗器械》对其进行管控。因我国国内牛源的TSE（疯牛病）风险未知，为了降低产品的TSE风险，国内医疗科技有限公司根据法规以及行业标准的要求，选取国际动物卫生组织网站中的低TSE地理风险国家（地区）作为牛源产地，并且根据产品需求对海外牛源供应商进行了筛选并对原材料质量进行评价。

鉴于国内的经导管主动脉瓣膜植入术（TAVI）正处于快速发展阶段，国内TAVI手术量增长迅速，造成境外牛心包原材料的需求数量持续高增长。

根据TAVR产品市场预期及海外供方供货能力，预估未来将存在进口牛心包供货缺口。

第五节
CRO 行业情况介绍

一、CRO 行业概况

CRO（Contract Research Organization，合同研究组织），是指通过合同形式为制药企业和研发机构在药物研发过程中提供专业化服务的一种学术性或商业性科研机构，服务范围涵盖药物发现、临床前研究和临床研究（见图5-2）。目前，临床前及临床阶段的外包服务基本贯穿药物研发的全流程，业务种类丰富。

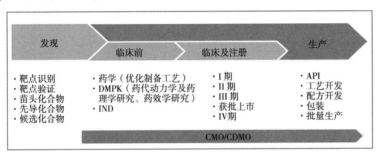

图5-2　CRO 服务范围

（一）全球 CRO 发展概况

CRO 行业萌芽于 20 世纪 70 年代。20 世纪 80 年代，随着 FDA 等监管机构对各国新药申请的要求日益详尽，可用的研究资金越来越有限，制药公司没有足够的能力完成各机构的要求，催生出对研发外包的需求。1982 年，大学教授 Dennis Gillings 创办了 Quintiles，这是最早成立的 CRO 公司之一。早期的 CRO 公司业务覆盖面窄，更多作为制药企业"溢出的产能"。

20 世纪 90 年代，仿制药的大幅降价激化了市场竞争，各药企纷纷加大创新研发力度，美国 CRO 行业进入了蓬勃发展期。与此同时，CRO 活动的范围已经由仅提供简单外包服务，逐渐扩展到了整个药物的生命周期。客户与 CRO 公司的合作关系逐步深入，开始建立长期合作关系。在此时期，Quintiles、Parexel、Covance 等 CRO 公司相继实现上市。

进入 21 世纪，随着药企和 CRO 公司合作的进一步发展，CRO 公司和药企的合作升级为战略合作伙伴关系。如今经过 40 多年的发展，CRO 行业已经发展成熟，具有分工专业化、全球化的特点。Frost & Sullivan 的数据显示，2019 年全球 CRO 市场份额已经达到 626 亿美元，渗透率达到 34.32%（见图 5-3、图 5-4）。

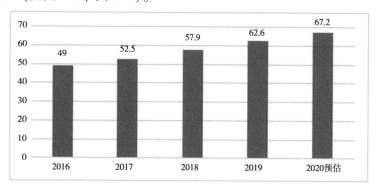

图 5-3　全球 CRO 市场份额

数据来源：Frost & Sullivan。

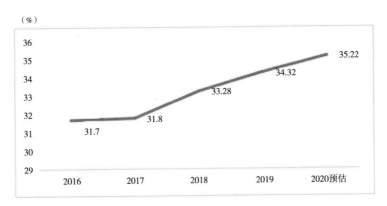

图 5-4　全球 CRO 渗透率

数据来源：Frost & Sullivan。

图 5-5　全球 CRO 市场规模（十亿美元）

数据来源：Frost & Sullivan。

（二）我国 CRO 行业发展概况

我国 CRO 行业起步于 20 世纪 90 年代。1996 年，MDS Pharma Services 在华投资了第一家 CRO 企业。1997 年，昆泰、科文斯等陆续进入中国市场。2000 年之后，药明康德、尚华医药、泰格医药、康龙化成等国内 CRO 企业成立。

随着我国药品监管政策的日趋完善以及与国际接轨，借助低廉的成本、庞大的患者人群和丰富的疾病谱、医药研发投入的增加等优势，我国 CRO 行业迅速发展。进入高速发展期的同时，国际化参与程度逐渐加深，开始利用国际资源和国际市场壮大自身实力。

1. 市场份额提升

近年来，在政策、市场、资本、技术等因素的共同驱动下，我国正大步迈入创新药的时代。这得益于国际和国内生物医药研发投入的增加。我国 CRO 行业获得大发展。Frost & Sullivan 的数据显示，2019 年，我国 CRO 市场份额已经达到 69 亿美元，占全球 CRO 市场的 10.86%（见图 5-6）。

图 5-6　中国 CRO 行业市场规模（十亿美元）

数据来源：Frost & Sullivan。

2. 服务链条延长

目前国内 CRO 市场已经形成发现 CRO、临床前 CRO 和临床 CRO 三足鼎立的局面，各自占比与国际格局相仿。服务范围不断拓宽，链条不断延伸，模式更加完善。

国内各 CRO 企业不断拓宽服务领域，通过整合、并购，不但扩大了业务版图，也加深了国际化布局。尤其是龙头企业，布局从小分子、大分子、医疗器械等，延伸至国际前沿的细胞治疗等领域。可以说，研发的纵深化、研发生产一体化已经成为我国 CRO/C（D）MO 企业布局的趋势。

3. 服务模式不断优化

大型 CRO 企业在发展过程中已经不再局限于传统的"一手交钱，一手交货"的一次性交易订单合同模式，逐渐走向"里程碑"付费的创新模式。近年来，越来越多的 CRO 企业与药企建立了风险共担的战略合作关系。

4. 技术水平大幅提升

CRO 在药物发现阶段，会涌现出大量服务于行业的专利技术平台，如 DNA 编码数据库、分子砌块技术、放射性标记代谢等技术服务平台。

5. 搭建国际化服务桥梁

CRO 企业快速发展，已经成为国内制药企业产品出海、参与国际合作、提升国际参与度及竞争力的强有力支撑。比如，2016 年 1 月，正大天晴药业与强生制药公司签署独家许可协议，将一款极具潜力的抗乙肝病毒（HBV）临床前药物在中国之外的国际开发权许可给强生公司，强生将在中国之外开展该产品的全球开发、生产、注册和商业化推广。根据协议，强生将支付正大天晴总额 2.53 亿美元（约 16 亿元人民币）的首付款、里程金，以及上市后的销售提成。药明康德为该项目提供了一体化的新药研发方案和研发服务。

二、国内外发展的差异

1. 中国 CRO 行业处于高速发展阶段，集中度低于全球

目前，欧美地区的 CRO 企业占全球市场份额较大，处于市场主导地位。全球前 50 位的 CRO 企业大部分位于欧美发达国家，这些企业拥有庞大的资源网络、全面的服务内容和优秀的管理团队，能够为制药企业提供覆盖全球的全产业链研发服务。亚太地区等新兴市场的 CRO 企业正处于高速成长阶段，增长速度明显高于其他地区。

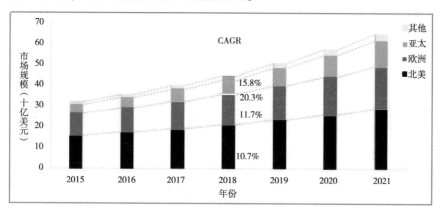

图 5-8　2015—2021 年全球各区域市场规模及增速

数据来源于网络

通过对全球及中国代表性的 CRO 企业 2020 年的各项指标进行对比，可以发现，国内公司收入增速远超国际，行业处于高速增长期。2020 年，甚至有两家国外公司出现收入负增长，国际公司平均收入增速为 7.0%，而国内公司平均收入增速为 36.7%。

国内 CRO 行业集中度较低，综合型企业少，有待进一步发展。据前瞻产业研究院 2019 年统计，我国主要 CRO 企业市场份额占比仅为 31.86%，行业集中度低于全球平均水平。从公司类型看，50% 为临床 CRO 企业，47% 为临床前 CRO 企业，仅有 3% 的企业为综合型 CRO 企业，企业规模和综合能力有待进一步发展。

2. 中国 CRO 行业服务的市场规模增速高于全球

据 Frost & Sullivan 统计，全球制药行业的研发投入预计将由 2019 年的 1824 亿美元增长至 2024 年的 2270 亿美元，临床前阶段将达 730 亿美元，临床阶段将达 1540 亿美元（见图 5-9）。中国制药行业研发投入预计将由 2019 年的 211 亿美元增长至 2024 年的 476 亿美元，增速远超全球平均增速（见图 5-10）。

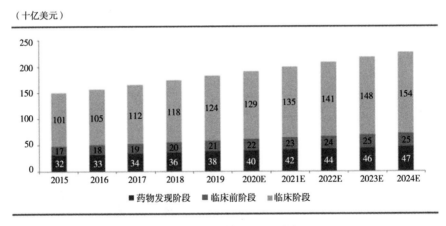

图 5-9　全球制药行业研发投入

（十亿美元）

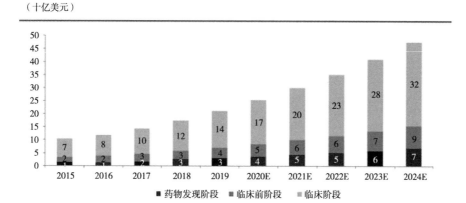

图 5-10 中国制药行业研发投入

数据来源：Frost & Sullivan。

国内公司净利润增速高，赢利能力强劲。国内公司净利率平均值为27.4%，远超国际龙头公司的7.5%。

3. 中国 CRO 行业的工程师红利优于全球

工程师红利持续驱动行业高增长。国际龙头公司2020年的人均成本为15.4万美元，国内公司为7.1万美元，显著低于国际龙头公司。通过对比国际和中国制药企业、CRO企业的人均成本，可以看出，CRO企业人均成本更低，国内CRO公司更具成本优势（见表5-1）。目前，CRO企业承担了近1/3的新药研发工作和近2/3的中后期研究工作。医药研发服务外包已经成为全球医药研发的主要形式。

表 5-1 全球制药企业及 CRO 企业年人均成本对比

（单位：百万美元）

股票代码	制药企业	年人均成本	股票代码	CRO 公司	年人均成本
ABBV. N	艾伯维	0.71	SYNH. O	Syneos Health	0.17
MRK. N	默沙东	0.53	PRAH. O	PRA Health Sciences	0.16
LLY. N	礼来	0.50	ICLR. O	ICON	0.15
JNJ. N	强生	0.46	LH. N	Labcorp	0.15

表5-1 续

股票代码	制药企业	年人均成本	股票代码	CRO 公司	年人均成本
PFE. N	辉瑞制药	0.42	IQV. N	IQVIA	0.15
ROG. SIX	罗氏	0.39	CRL. N	Charles River	0.14
6160. HK	百济神州	0.38	603127. SH 6127. HK	昭衍新药	0.08
NVS. N	诺华制药	0.36	603259. SH 2359. HK	药明康德	0.08
600436. SH	片仔癀	0.28	002821. SZ	凯莱英	0.07
600196. SH 2196. HK	复星医药	0.14	300347. SZ 3347. HK	泰格医药	0.06
600276. SH	恒瑞医药	0.11	300759. SZ 3759. HK	康龙化成	0.06

数据来源：Wind。

三、进口需求

我国生物医药领域90%以上的科学实验仪器依赖进口，每年进口额为60多亿美元，主要采购自美国安捷伦、赛默飞、沃特世和日本岛津企业等。对CRO企业而言，高端高效液相色谱仪、气相色谱仪、液相质谱联用仪、气相质谱联用仪等分析仪器仍然依赖进口，国内在稳定性、检出限、线性范围、精准度、重复性等关键指标上与国外产品还存在较大差距。

化学药品生产是一个专业化过程，从药物发现到药品制造，要经过确认靶标、筛选活性、毒性测试、合成、萃取、分解、纯化等一系列过程，这些过程的完成需要依靠各种专门仪器设备以及耗材（见表5-2）。研发的工艺难点主要集中于苗头化合物的发现和先导化合物的筛选等。制药工艺的难点在于合成工艺、提取方法、剂型选择、处方筛选、制备工艺、检验方法等。

其中关键步骤——制备分离、色谱分析、核磁分析过程中使用的仪器设备主要有气相/液相色谱仪、超临界流体色谱仪等各种色谱仪器，以及质谱、光谱仪、核磁共振仪等（见表5-3）。近5～10年来，分散于德、日、美的化学制药用仪器设备生产行业在资本驱动下快速并购、整合，其中赛默飞、丹纳赫等总部位于美国的跨国公司垄断了行业大部分关键仪器，让仪器设备厂家控制着定价权。

目前，我国的生命科学实验产品市场仍由欧美跨国企业主导，尤其在中高端实验仪器和耗材市场，欧美企业的实验产品处于世界领先水平，国内 CRO 企业有普遍的进口需求。

表5-2　化学药品研发生产使用的仪器设备清单参考

设备名称	品牌举例
天平	赛多利斯等
多头水泵	岐昱等
氮气柜	加腾等
溶剂柜	西斯贝尔等
防爆冰箱	Thermo
超声波清洗仪	新芝
油泵	慕泓
制冰机	三洋
真空干燥箱	Thermo
鼓风干燥箱	Thermo
马弗炉	Thermo
手套箱	华锂
水分仪	Thermo/赛多利斯
冻干机	Telstar
离心浓缩仪	Thermo
搅拌器	IKA
机械搅拌	IKA
光反应仪	Penn Optical
微波反应器	Biotage
低温循环浴	新芝
旋蒸	IKA
过柱机	艾杰尔

表5-2 续

设备名称	品牌举例
核磁共振仪	Bruker
超临界流体色谱仪	Waters
气相色谱仪	Shimadzu
气相质谱联用仪	Shimadzu
液体相质谱联用仪	Shimadzu
液相色谱仪	Shimadzu
制备液相色谱仪	Shimadzu
蒸发光散射检测器	Shimadzu
差示扫描量热仪	Mettler-Toledo
红外光谱仪	Thermo
紫外光谱仪	Thermo
旋光仪	Rudolph
超高效合相色谱仪	Waters
电感耦合等离子体质谱	Shimadzu
电感耦合等离子体发射光谱仪	Thermo
元素分析仪	Elemental vario EL

表5-3 化学药品生产过程中所需仪器试剂分析

测试/分析类别	仪器/试剂种类	美国品牌	其他国家（地区）替代品牌	国产情况
制备分离	高通量制备高效液相色谱仪（prep-HPLC）	Gilson	Shimadzu（日本）	目前尚无国产替代品牌
制备分离	大规模制备高效液相色谱仪（prep-HPLC）	Agilent Thermo Waters		
制备分商/手性分离	超临界流体色谱仪（SFC）	Waters 主要品牌	其他替代品牌不太成熟	国内开始研发但尚不成熟

表5-3　续

测试/分析类别	仪器/试剂种类	美国品牌	其他国家（地区）替代品牌	国产情况
色谱分析	高效液相色谱/质谱联用（HPLC/LCMs）	Waters 部分	有其他品牌可以替代	国内开始研发但尚不成熟
核磁分析	核磁仪器（NMR）	不受影响	Bruker（德国）Jeol（日本）主要为欧洲品牌	国内中科牛津开始生产核磁
核磁分析	液氦	液氦高度依赖美国进口		无国产
其他色谱光谱分析仪器	红外/紫外/高子色谱仪等	部分	有其他国家（地区）的替代品牌	国内开始研发但尚不成熟
制备分离/分析	色谱柱/色谱填料	部分	有其他国家（地区）的替代产品	有国产品牌，但不能完全取代
制备分商/分析	溶剂	少部分	有其他国家（地区）的替代产品	大部分可以用国产试剂